热河满族医药文化调查研究（SD171073）
河北省老中医药专家学术经验继承项目（2017049）
资助项目

燕山地区
中药材种植与加工技术

苏占辉 编著

中医古籍出版社
Publishing House of Ancient Chinese Medical Books

图书在版编目（CIP）数据

燕山地区中药材种植与加工技术 / 苏占辉编著 . —
北京：中医古籍出版社，2020.6
ISBN 978-7-5152-2139-7

Ⅰ . ①燕…　Ⅱ . ①苏…　Ⅲ . ①药用植物—栽培技术—
华北地区　②中药加工　Ⅳ . ① S567　② R282.4

中国版本图书馆 CIP 数据核字（2020）第 097037 号

燕山地区中药材种植与加工技术
苏占辉　编著

责任编辑　王晓曼
特约编辑　张　威
封面设计　杨飞羊
出版发行　中医古籍出版社
社　　址　北京市东城区东直门内南小街 16 号（100700）
电　　话　010-64089446（总编室）010-64002949（发行部）
网　　址　www.zhongyiguji.com.cn
印　　刷　北京建宏印刷有限公司
开　　本　710mm×1000mm　1/16
印　　张　14.5
彩　　插　2.5
字　　数　232 千字
版　　次　2020 年 6 月第 1 版　2020 年 6 月第 1 次印刷
书　　号　ISBN 978-7-5152-2139-7
定　　价　58.00 元

前言

《燕山地区中药材种植与加工技术》一书由河北省中药资源普查项目和河北省老中医药专家经验继承项目支持完成。该书结合了承德地区药材种植的经验技术，历时三年，由承德医学院专业教师编著完成。

本书编者为第四次全国中药资源普查（承德地区）的队员，曾经深入到承德地区的围场、宽城、丰宁、隆化等县乡村，全面了解这些地区的药材种植、资源、临床应用等情况，掌握了丰富的第一手资料。在长期从事中药资源普查的过程中，编者深切地感受到承德地区的广大药材种植户的迫切需求。由于我国北方地区产业结构调整，大量的农村土地资源用于药材的种植。广大药材种植户急需相关技术资料给予支撑；归属于不同行业的药材实用技术亟须整理、归纳、创新，以便普及到基层药材种植加工行业中；道地药材目录及种植、养殖、采收、加工、储藏、炮制、分级等技术标准亟待制定，以便加强对药材种植加工行业的科学引导。中药材种植技术和传统的农业种植技术存在着一定的差异，因此就需要中药科研人员和中药种植户紧密联系起来，集思广益，各尽所能，开拓创新，共同分析研究当前中药材种植的现状，将零散的、分散于不同学科的技术和种植户的生产实际需求结合起来，形成一套较为完善的、实用的资料，以供药材种植参考之用。正是在这样的背景下，编者结合了承德地区常用药材的实际情况，深度挖掘分属于不同专业、不同学科的药材种植、加工技术，收集、整理、融合而成书。

《燕山地区中药材种植与加工技术》一书主要针对我国燕山地区药材种植、加工等相关技术进行研究，阐述了常用药材的药用来源、识别要点、适宜生境、栽种技术、病虫防治、采收加工、贮存、药材形态、成分含量、等级规格、传统炮制等相关内容，涉及了药用植物学、药材栽培学、药材鉴定学、商品药材学、中药学、炮制学、天然药物化学、药理学以及农学等多学科内容，学科跨度大，内容覆盖广，力求最大程度上为燕山山脉生态区的药材种植、加工提供最为详实、全面的参考资料。本书涉及的大部分实用技术是在作者广泛走访调查燕山生态区药材种植合作社的基础上，结合他们当下使用的种植技术编写而成的，具有很强的实用性。

本书的出版填补了燕山地区药材种植加工技术的空白，对于燕山山脉乃至中国北方地区药材产地初加工标准化、规模化、集约化，提高药材资源综合利用水平，发展药材绿色循环经济以及脱贫攻坚有着重要的作用和意义。

限于编者学识水平和编写能力，本书仍然存在不妥或错误之处，恳请广大读者提出宝贵的意见和建议，以利于今后进一步修订和完善。

目录

白 芍

【药用来源】

为毛茛科植物芍药 *Paeonia lactiflora* Pall. 的干燥根。

【识别要点】

多年生草本，根肥大，叶互生，下部叶为二回三出复叶，小叶片长卵圆形至披针形，叶缘具骨质小齿；上部叶为三出复叶。花大、萼片4；花瓣9～13，白色、粉红色或红色；雄蕊多数；心皮3～5，分离。蓇葖果卵形。花期5～7月，果期6～8月。

【适宜生境】

喜温和气候，既能耐炎热，又能耐严寒。在极端高温42.1℃和低温-20℃左右的条件下，都能安全越夏和越冬。但以无霜期较长的地区生长最好。耐干旱，怕涝，水量过多时会引起根腐病。喜阳，不耐阴，在阳光充足的地方长势较好。土壤以疏松、排水良好、中性或偏碱性的沙壤土最为适宜。土壤的含氮量不宜过高，以免造成枝叶生长过剩，根部生长不良的现象。分布于海拔1000～2300m的山坡草地。

【栽种技术】

一、生长习性

9月下旬白芍芽头开始生根，10月生根达到最旺盛时期，同时，地上部分慢慢枯萎。11 月到次年 2 月中旬根部生长最快，芽到次年春天开始萌发、展叶。不同地区，由于气候环境存在差异，生根和发芽的时间存在一定差异。

二、繁育方法

白芍的繁育方法有芽头栽种、种子播种和分根栽种。现代生产中，白芍的栽种主要以芽头栽种为主。

三、栽种方法

1. **土地整理**　根据白芍的生长习性选择合适的种植地，深翻除草，施基肥，平整土地后做高畦，畦宽 1.5m、高 20cm，畦沟宽 30cm。注意开好排水沟，防止雨水过多不能及时排除，导致白芍烂根。

2. **栽种**　和其他根类药材入药一样，白芍在秋季收获。收获时，选取粗大、饱满、无病虫害的芽头，用刀切成小块，每块上含有粗壮芽孢 2～3 个，留作种苗。

（1）栽种时间：一般在 8 月下旬至 10 月上旬，最晚不能超过 10 月中旬，不同地区可能有所偏差。

（2）栽种方法：开穴行距 65cm 左右、株距 35cm 左右，穴的深度以芽的大小为标准来确定。切面朝向下方，芽头朝上，每个穴放置 2 个左右的芽头，芽头上覆 4cm 左右的细土，覆土要稍高于畦面。

四、田间管理

1. **除草**　第 2 年小苗出土后开始进行除草，除草时宜浅锄，以免伤及幼苗。在杂草生长旺盛的时期，应该及时进行除草，除草的同时进行培土。

2. **晒根**　第 2 年除草时，将芍药的上半部分主根暴露，晒 5～6 天，然后覆上细土。

3. **排水灌溉**　芍药易得根腐病，在雨水过多的夏季要及时做好排水工作；在干旱的季节，进行适当地灌溉，注意不能有积水现象存在。

4. **追肥**　根据苗的生长情况进行施肥。一般在春季发芽时和夏季生长旺盛时进行施肥，在地上部分枯萎后再施 1 次肥。施肥量根据苗的生长状况而定。

5. **摘蕾**　在每年花蕾长出时，于晴天露水晒干后，将植株上的花蕾全部除去。留种株不用摘蕾。

6. **培土越冬** 入冬时地上部分枯萎，将地上部分减去，留下距地面 7～8cm 的部分，并培土 10cm 左右。

【病虫防治】

一、病害

1. **叶斑病** 叶斑病大多发生在夏秋季，发病时叶面有褐色圆斑，向四周逐渐扩展变大，最后变成灰褐色。

防治方法：在发病初期就要开始喷药，防治病害扩展蔓延。常用药剂有 25% 多菌灵可湿性粉剂 300～600 倍液（50% 的 1000 倍液、40% 胶悬剂 600～800 倍液）、50% 托布津 1000 倍液、70% 代森锰 500 倍液、80% 代森锰锌 400～600 倍液等。需要注意药剂的交替使用，以免病菌产生抗药性。

2. **灰霉病** 灰霉病是一种在低温高湿环境下生长的真菌性病害，主要危害花、茎、叶。

防治方法：合理密植，选择优良的种芽，及时清除枯枝和杂草。在发病时，选用 50% 多菌灵 800～1000 倍液喷施。

3. **锈病** 锈病一般发生在夏季，由锈菌真菌引起。发生病害的植物叶子和茎出现铁锈色的斑点。

防治方法：选择合适的土地，通风、排水良好的土地最为适宜。在发病时要及时清除染病的茎叶。在发病时，可使用波美 0.3～0.4 度石硫合剂每 7～10 天喷 1 次，连续多次喷洒。

4. **根腐病** 根腐病大多发生在夏季雨水过多时，若雨水不能及时排除，则会引起根部腐烂性病害。

防治方法：合理密植，选择合适的地势，并做好排水工作。在发病时，喷洒或浇灌 50% 多菌灵可湿性粉剂 500 倍液。

二、虫害

虫害常发生在夏季，主要有蛴螬、地老虎等危害根部。

防治方法：用 90% 的敌百虫或 50% 的辛硫磷拌毒饵诱杀。

【采收加工】

一、采收

栽种后 3 ~ 4 年采收为宜。采收时期在果期至枯萎期（8 ~ 9 月），最迟不能迟于 10 月上旬。收获时趁晴天割去茎秆，挖出全根，抖去泥土，留芍芽作种，切下芍根，运回加工。

二、产地加工

将采收的根条，除去头、尾及细根，按大、中、小三个等级，分别置沸水中煮，煮至芍根变软、表面发白、闻之有香气时，取出。晒干或用文火烘干即可。白芍可以趁鲜切片，片形以圆片为宜，适当加厚，一般以 2 ~ 4mm 为宜，防止晾晒后开裂。

【贮藏】

置干燥处，防虫蛀。

【药材形态】

本品呈圆柱形，平直或稍弯曲，两端平截，长 5 ~ 18cm，直径 1 ~ 2.5cm。表面类白色或淡棕红色，光洁或有纵皱纹及细根痕，偶有残存的棕褐色外皮。质坚实，不易折断。断面较平坦，类白色或微带棕红色，形成层环明显，射线放射状。气微，味微苦酸。

【成分含量】

本品含芍药苷（$C_{23}H_{28}O_{11}$）不得少于 1.6%。

【等级规格】

一等：干货。呈圆柱形，直或稍弯，去净栓皮，两端整齐。表面类白色或淡红色。质坚实体重。断面类白色或白色。味微苦酸。长 8cm 以上，中部直径 1.7cm 以上。无芦头、花麻点、破皮、裂口、夹生、杂质、虫蛀、霉变。

二等：干货。呈圆柱形，直或稍弯，去净栓皮，两端整齐。表面类白色或淡红棕色。质坚实体重。断面类白色或白色。味微苦酸。长 6cm 以上，中部直径 1.3cm 以上。间有花麻点，无芦头、破皮、裂口、夹生、杂质、虫蛀、霉变。

三等：干货。呈圆柱形，直或稍弯，去净栓皮，两端整齐。表面类白色或白色。味微苦酸。长 4cm 以上，中部直径 0.8cm 以上。间有花麻点，无芦头、破皮、裂口、夹生、虫蛀、霉变。

四等：干货。呈圆柱形，直或稍弯，去净栓皮，两端整齐。表面类白色或淡红棕色。断面类白色或白色。味微苦酸。长短粗细不分，兼有夹生、破皮、花麻点、头尾、碎节或未去净皮，无枯芍、芦头、杂质、虫蛀、霉变。

附：杭白芍

一等：干货。呈圆柱形，条直，两端切平。表面棕红色或微黄色。质坚体重。断面米黄色。味微苦酸。长 8cm 以上，中部直径 2.2cm 以上。无枯芍、芦头、栓皮、空心、杂质、虫蛀、霉变。

二等：干货。呈圆柱形，条直，两端切平。表面棕红色或微黄色。质坚体重。断面米黄色。味微苦酸。长 8cm 以上，中部直径 1.8cm 以上。无枯芍、芦头、栓皮、空心、杂质、虫蛀、霉变。

三等：干货。呈圆柱形，条直，两端切平。表面棕红色或微黄色。质坚体重。断面米黄色。味微苦酸。长 8cm 以上，中部直径 1.5cm 以上。无枯芍、芦头、栓皮、空心、杂质、虫蛀、霉变。

四等：干货。呈圆柱形，条直，两端切平。表面棕红色或微黄色。质坚体重。断面米黄色。味微苦酸。长 7cm 以上，中部直径 1.2cm 以上。无枯芍、芦头、栓皮、空心、杂质、虫蛀、霉变。

五等：干货。呈圆柱形，条直，两端切平。表面棕红色或微黄色。质坚体重。断面米白色。味微苦酸。长 7cm 以上，中部直径 0.9cm 以上。无枯芍、芦头、栓皮、空心、杂质、虫蛀、霉变。

六等：干货。呈圆柱形，表面棕红色或微黄色。质坚体重。断面米白色。

味微苦酸。长短不分，中部直径0.8cm以上。无枯芍、芦头、栓皮、杂质、虫蛀、霉变。

七等：干货。呈圆柱形，表面棕红色或微黄色。质坚体重。断面米白色。味微苦酸。长短不分。直径0.5cm以上。间有夹生、伤疤，无梢尾、枯心、芦头、栓皮、虫蛀、霉变。

备注：①各地栽培的白芍，除浙江白芍生长期较长，根条粗，分为七个等级外，其他地区均按四个等级分等。②安徽习惯上加工的白芍片、花芍片、花帽、狗头等，可根据质量情况和历史习惯自定标准。

【传统炮制】

白芍：洗净润透，切薄片，干燥。

炒白芍：取净白芍片，照清炒法炒至微黄色。

酒白芍：取净白芍片，照酒炙法炒至微黄色。

—白头翁—

【药用来源】

为毛茛科植物白头翁 *Pulsatilla chinensis*（Bge.）Regel. 的干燥根。

【识别要点】

多年生草本，全株被白色绒毛；叶基生，具长柄，叶 3 全裂，中央裂片具短柄，3 深裂，侧生裂片较小，不等 3 裂，叶柄及叶背面密生灰白色毛茸；花葶 1～2，有柔毛；苞片 3，苞片掌状深裂，基部合生抱茎。花单一；花被 6，2 轮，紫色，外面密被白色柔毛；雄蕊长度约为萼片之半。雄蕊多数，雌蕊多数，花柱丝状，果时延长，密被白色的长毛。瘦果多数，宿存花柱羽毛状。3～5 月开花，果期 5～6 月。

【适宜生境】

多生于丘陵和草丛中，耐寒、喜干燥。对土壤的湿度要求严格，土壤水分含量不能过高，以排水良好的沙质壤土、冲积土和黏质壤土为佳，不耐移植。

【栽种技术】

一、生长习性

白头翁原为野生植物，近年来才被引种栽培，是我国北方开放最早的花卉之一。结果时，在宿存花柱上密生不脱落的长白绒毛，形如老翁白发，不仅可以赏花，还可观果，在园林中适合自然式的种植，也是较理想的地被植物。白头翁喜欢阳光充足的生长环境，怕强光照射，喜凉爽，耐寒性较强，比较怕高温，白头翁生长的适宜温度在 10～21℃之间。

二、繁育方法

白头翁主要是种子繁育，现采现播，可以春播也可以秋播，或采摘后放在阴凉处贮存，但贮存时间不宜过长。

三、栽种方法

1. 土地整理　喜凉爽干燥的气候。耐寒，耐旱，不耐高温。以向阳、土层深厚、排水良好的沙质壤土生长最好，冲积土和黏壤土次之，排水不良的低洼地不宜栽种。

2. 播种　白头翁主要采用种子直播或育苗移栽。

（1）种子直播：一般在 3 月底 4 月初播种，种子用温水浸泡 6 小时，捞出沥干水分，用湿麻袋片或纱布包上，放在 25～30℃的温度下催芽，约 5 天左右，当出芽达到 70% 以上立即播种，如不能及时播种，可将出芽种子贮存于 5℃左右的环境中，能存放 1 周左右。可选择在冰箱里冷藏。

（2）育苗移栽：在畦面划浅沟，将种子均匀撒入，覆上一层薄土，盖上稻草。出苗后，去掉稻草。在苗高 3cm 时进行间苗，除去细弱病害以及过密的苗。于当年秋季或次年春萌芽前，按株行距 15cm × 20cm 移栽，然后浇水，保持畦面湿润，以保证移苗成活。

四、田间管理

1. 除草　白头翁幼苗生长缓慢，需要定期松土和除草。松土和除草时，切勿伤及根系。

2. 施肥　定苗后追施 1 次稀薄粪水，每亩 1600kg。秋季施 1 次堆肥加过磷酸钙，施肥后浇水。

3. 摘蕾　在花开始长花蕾时，要及时除去花蕾，以促进根部发育。

【病虫防治】

一、病害

1. **根腐病** 这是一种由真菌引起的、能够造成根部腐烂的疾病。根部的腐烂会影响植株对水分和养分的吸收，最终导致植物枯死。根腐病大多发生在阴雨季节以及因排水不好而造成积水的土地上。

防治方法：在耕种时修好排水沟，能够在雨水天气及时排除大田内的积水；移栽时用50%退菌特100倍液浸泡根部；发病期用50%托布津800倍液杀菌。

2. **锈病** 这是由真菌中的锈菌引起的一类病害，主要危害叶片。主要表现为在茎、叶或其他部分出现损害性的红褐色斑点，最终导致植物枯死。

防治方法：苗枯后，彻底清除地面和根桩病残组织。春季及时摘除病叶，喷洒石硫合剂，97%敌锈钠250～300倍液或25%粉锈宁可湿性粉剂1200～2000倍液喷雾，或发病前喷施波尔多液（1∶1∶60）。

二、虫害

蚜虫 蚜虫是一类植食性昆虫，主要危害嫩芽和嫩叶。

防治方法：蚜虫发生期用10%的吡虫啉可湿性粉剂2000倍液，或50%抗蚜威可湿性粉剂，或50%抗蚜威水分散粒剂3000～4000倍液均匀喷雾。每周1次，连续2～3次。

【采收加工】

种植2～3年后采挖。春季或秋季采挖，以春季质量较好。采收时，将根挖出，除掉茎叶和根须，保留根头部的白色茸毛，洗净泥土后晒干。

【贮藏】

置通风干燥处贮藏。

【药材形态】

本品呈类圆柱形或圆锥形，稍扭曲，长6～20cm，直径0.5～2cm。表面黄棕色或棕褐色，具不规则纵皱纹或纵沟，皮部易脱落，露出黄色的木部，部分有网状裂纹或裂隙，近根头部常有朽状凹洞。根头部稍膨大，有白色绒毛，有的可见鞘状叶柄残基。质硬而脆，断面皮部黄白色或淡黄棕色，木部淡黄色。气微，味微苦涩。

【成分含量】

本品按干燥品计算，含白头翁苷B_4（$C_{59}H_{96}O_{26}$）不得少于4.6%。

【等级规格】

规格：统货。呈类圆柱形或圆锥形，稍扭曲，长6～20cm，直径0.5～2cm。面黄棕色或棕褐色，具不规则纵皱纹或纵沟，皮部易脱落，露出黄色木质部，近根头部稍膨大，有白色绒毛，断面皮部黄白色或淡黄棕色，木部淡黄色。气微，味微苦涩。以根粗长、质坚实、根头部有白色毛绒者为佳。无杂质、虫蛀、霉变。

【传统炮制】

除去杂质，洗净，润透，切薄片，干燥。

白鲜皮

【药用来源】

芸香科植物白鲜 *Dictamnus dasycarpus* Turcz. 的干燥根皮。

【识别要点】

白鲜属茎基部木质化的多年生宿根草本植物，高可达 100cm。根斜生，淡黄白色。茎直立，叶片对生，无柄，椭圆至长圆形，叶缘有细锯齿，叶脉不甚明显，总状花序；苞片狭披针形；花瓣白带淡紫红色或粉红带深紫红色脉纹，倒披针形，萼片及花瓣均密生透明油点。种子阔卵形或近圆球形，光滑。5 月开花，8～9 月结果。

【适宜生境】

白鲜生于山地灌木丛、森林下的山坡阳坡。白鲜喜欢温暖湿润的环境，耐寒，怕旱，怕涝。以阳光充足、土质肥沃疏松、排水良好的沙质壤土或缓坡地为宜。

【栽种技术】

一、生长习性

白鲜是多年生草本植物，药用部位为根皮。若条件适宜，播种后 15～18 天，当年生株高度可达 10～15cm，冬季能自然越冬。二年生株高 20cm 以上，主根长 15～20cm。三年生苗开始开花结实，生长期 8～10 年。栽培的白鲜生长期为 150 天左右，4 月下旬返青出土，9 月下旬地上部分开始枯萎。

二、繁育方法

繁育的方法有：种子繁殖和块茎繁殖。

（1）种子繁殖：白鲜既可春播也可秋播。播种前把地整平整细，开 13cm 左右深、3cm 宽的深沟。将拌有细沙的种子撒下，盖土镇压。注意保持土壤湿度和温度，保证出苗率，在种好的白鲜上面覆盖湿润的稻草帘。

（2）块茎繁殖：幼苗生长 1～2 年移栽，秋季地上部分枯萎后或春季返青前移栽。将苗床内幼苗全部挖走，按大小分类，分别栽植，行距 15cm，株距 20～25cm，根据幼苗根系长短开沟，顶芽朝上放在沟穴内，使苗根舒展开，覆土约 4cm，盖过顶芽，干旱时要浇水。栽种前块茎用退菌特 50%可湿性粉剂 100 倍液浸种 5 分钟，稍晾干后随即栽种。

三、栽种方法

1. 选地　根据白鲜的生长习性，选择阳光充足、土质肥沃、排水良好的沙壤土或者缓坡地，进行移栽。

2. 土地整理　清除杂草，深耕土地，同时根据土壤情况加入一定量的底肥。一般每亩施入 1500～2000kg 腐熟好的农家肥，或施氮磷钾复合肥 30～50kg。

3. 播种方法　采收后的种子晾晒 5～7 天，用高锰酸钾溶液浸泡 6 小时，按 1∶3 的比例与细沙拌在一起，然后装入透气的袋子中，埋在土里储存，等到明年开始播种。播种出芽后，让苗生长 1～2 年即可移栽。

四、田间管理

1. 松土除草　出苗后要及时进行间苗和除草，在除草时要注意不能伤害幼苗根，除草时可适当地进行松土，松土除草后在茎的基部进行培土，防止幼根露出地表。也可以在栽种后盖一层土杂肥抑制杂草生长。

2. 施肥　在播种或者移栽时，要根据土壤状况施足底肥。10 月下旬到 11 月上旬施腐熟饼肥或腐熟厩肥，促使地下茎生长、节间增多，同时还能起到防冻保苗的作用；二年生苗在生长盛期适当追施磷钾肥，也可用 0.3%～0.5%磷酸二氢钾溶液进行叶面喷肥。

3. 灌溉排水 在雨水较多的季节要注意排水，以免产生积水，造成根腐病。在干旱的季节，要及时进行灌溉，防止死苗影响产量。

4. 摘除花蕾 对于不留种子的幼苗，在孕蕾的初期即可将其除去，有利于地下根部的生长。

【病虫防治】

一、病害

1. 霜霉病 通常在 3 月开始发病，大多数为叶片病变。初期，叶初生褐色斑点，逐渐在叶背产生一层霜霉状物，使叶片枯死。

防治方法：及时清扫枯枝落叶，减少病源；用甲基托布津 800 倍液，或 58% 甲霜灵锰锌可湿性粉剂 500 ~ 700 倍液喷施。

2. 菌核病 通常在 3 月中旬发病，危害茎基部，初呈黄褐色或深褐色的水泽状棱形病斑，严重时茎基腐烂，地上部位枯萎，可见菌丝和菌核。

防治方法：可用 3% 菌核利或 1 ∶ 3 石灰和草木炭混合后撒入畦面。

3. 锈病 一般在 3 月上中旬发病，主要危害叶片。在初期，叶现黄绿色病斑，后变黄褐色。叶背或茎上病斑隆起，散出锈色粉末。

防治方法：可用 60% 代森锰锌可湿性粉剂 500 倍液喷施，或喷施 25% 粉锈宁可湿性粉剂 1000 倍液。

二、虫害

黄凤蝶 一般发生在夏季，主要危害茎、叶。

防治方法：可用 20% 氯虫苯甲酰胺 3000 倍液，或 10% 氯氰菊酯乳油 2000 ~ 3000 倍液喷雾。6 天喷 1 次，连喷 2 次。

【采收加工】

春秋季节采挖，割去地上茎叶，洗净泥土，除去须根和粗皮，趁鲜时纵向剖开，抽取木心，晒干。

【贮藏】

置通风干燥处。

【药材形态】

本品呈卷筒状，长 5 ~ 15cm，直径 1 ~ 2cm，厚 0.2 ~ 0.5cm。外表面灰白色或淡灰黄色，具细纵皱纹或细根痕，常有突起的颗粒状小点；内表面类白色，有细纵纹。质脆，折断时有粉尘飞扬，断面不平坦，略带层片状，剥去外层，迎光可见闪烁的小亮点。有羊膻气，味微苦。

【成分含量】

本品按干燥品计算，含梣酮（$C_{14}H_{16}O_3$）不得少于 0.050%，含黄柏酮（$C_{26}H_{34}O_7$）不得少于 0.15%。

【等级规格】

规格：统货。呈卷筒状，长 5 ~ 15cm，直径 1 ~ 2cm，厚 0.2 ~ 0.5cm。外表面灰白色或淡灰黄色，具细皱纹和细根痕，常有突起的颗粒状小点；内表面类白色，有细皱纹。质脆，折断时粉尘飞扬，断面不平坦，略呈层片状。有羊膻气，味微苦。以条大、肉厚、无木心、色灰白、羊膻气浓者佳。无杂质、虫蛀、霉变。

【传统炮制】

白鲜皮：除去杂质，洗净，稍润，切厚片，干燥。

白芷

【药用来源】

为伞形科植物白芷 *Angelica dahurica*（Fisch.ex Hoffm.）Benth.et Hook.f. 或杭白芷 *A.dahurica*（Fisch.ex Hoffm.）Benth. et Hook.f.var.*formosana*（Boiss.）Shan et Yuan 的干燥根。

【识别要点】

白芷为多年生草本。高 1～2m。根圆锥形；茎粗壮中空，常带紫色，近花序处有短毛。基生叶有长柄，基部叶鞘紫色，叶片二至三回三出式羽状分裂，最终裂片长圆形、卵圆形或披针形，边缘有不规则的白色骨质粗锯齿，基部沿叶轴下延成翅状；茎上部叶有显著膨大的囊状鞘。复伞形花序，总苞片通常缺，或 1～2，长卵形，膨大呈鞘状；小总苞片 5～10 或更多；花白色。双悬果椭圆形，无毛或极少毛，分果侧棱呈翅状，棱槽中有油管 1，合生面有 2。花期 7～9 月，果期 9～10 月。

杭白芷与白芷的主要区别在于其植株较矮；根上方近方形，皮孔突起大而明显；茎及叶鞘多为黄绿色。

【适宜生境】

白芷对光照不敏感，但光照能够促进种子发芽，喜温暖、湿润、光照充足的环境，惧高温，耐寒，怕干旱，对环境的适应性较强。白芷适宜生长在土层肥厚、质地疏松、排水良好的沙壤土中。气候条件以年均温 15～20℃，最冷平均气温5℃以上，年降雨量1000～1200mm，年均日照时数1400h为宜。

【栽种技术】

一、生长习性

白芷的种植大多采用秋播，在适宜的条件下，3周左右出苗。幼苗生长缓慢，以小苗过冬。第2年春天，植株生长最为旺盛，5月前后根部生长最快，7月中旬以后，植株逐渐变黄枯死，地上部分营养全部转移至地下部分，进入休眠期，此时是采收药材的最佳时机。8月下旬，植株开始萌发新芽，进入下一轮的生长期，此后为生殖生长期，4月下旬开始抽薹，5～6月开始开花，6～7月种子逐渐成熟。

二、繁育方法

白芷用种子繁殖，可单株选苗移栽留种和就地留种。选择生长3年以上的健壮植株作为种株，当种子成熟时开始分批连同花薹一起收获，摊晾在阴凉干燥通风处，干后脱下籽粒，用布袋贮存，以备秋后播种用。白芷应当选用当年所收的种子，隔年陈种的发芽率不高，甚至不发芽，不可采用。

三、栽种方法

1. 土地整理　白芷对前作选择不甚严格，一般棉花地、玉米地均可栽培，前茬作物收获后，及时翻耕以深33cm为宜。晒后再翻1次，然后耙细整平做畦，畦宽100～200cm、高16～20cm，畦面应平整，畦沟宽26～33cm（排水差的地方用高畦），土壤细碎。耕地前每亩施堆肥草木灰10kg左右。

2. 播种　白芷播种期分春、秋两季。春播在清明前后，但产量低、质量差，一般都不采用。秋播不能过早或过迟。最早不能早于处暑，否则在当年冬季生长迅速，将有多数植株在第2年抽薹开花，其根不能作药用。最迟不能迟于秋分，因秋分后雨量渐少，气温转低，白芷播种后长久不能发芽，影响生长与产量，故应在8月下旬至9月初播种。

四、田间管理

1. 间苗定苗　第2年早春季节，苗高长到5～7cm时进行第1次间苗，苗高长到10cm时进行第2次间苗。间苗时只保留叶柄为青紫色的幼苗，间去弱小、过密和叶片距地面较高的幼苗。等到苗高长到 15cm 时进行定苗，定苗时应将生长过旺、叶柄青白色的大苗拔除。

2. **除草**　在间苗的同时进行除草。

3. **施肥**　在播种前要根据土壤的具体情况，施足基肥。在春季生长旺盛时，追肥 2～4 次。第 1 次施肥要薄、少，以后逐渐增加浓度，追肥的次数及追肥量要根据植株的生长状况而定。

4. **灌溉排水**　如果土地干旱，则播种后要进行浇水。以后无雨水时，要注意观察土壤含水量，及时进行灌溉，保持土壤湿润。在雨水季节，应该做好排水工作，防止积水过多。

5. **拔出抽薹苗**　第 2 年 5 月会有部分植株抽薹开花，发现抽薹植株要及时拔出。

【病虫防治】

一、病害

1. **斑枯病**　又叫白斑病，病原是真菌中的一种半知菌，主要危害叶部。病斑呈多角形，初期暗绿色，以后呈灰白色，上生黑色小点，即原菌的分生孢子器，严重时叶片枯死。

防治方法：清除病残组织，集中烧毁；用 1∶1∶100 的波尔多液或 65% 代森锌可湿性粉 400～500 倍液喷雾。

2. **灰斑病**　发病部位为叶片。发病叶片初生黄绿色圆形或不规则形病斑，后扩大成边缘黄褐色或深褐色、中央灰褐色、2～5mm 的斑，上生灰黑色霉层，有时不明显，常多个病斑愈合成大枯斑，造成叶片早枯。

防治方法：收获后清除田间残枝落叶，并集中烧毁；发病初期，可在 50% 多菌灵、50% 托布津、50% 苯来特、50% 灭菌丹等可湿性粉剂中任选一种，500～600 倍液叶面喷洒，10 天喷 1 次，连喷 2 次以上。

3. **立枯病**　立枯病是真菌中的一种半知菌引起的幼苗病害。在植株发病初期，被害幼苗基部出现黄褐色病斑，以后呈褐色环状并凹缩，直至枯死。早春阴雨天、土壤黏重、透光性差，发病严重。

防治方法：发病初期用 5% 石灰水灌注，每 7 天灌根 1 次，连续 3～4 次。

二、虫害

根结线虫病 根结线虫病在白芷整个生长周期内均可能发生，发病部位为根部。被害根茎常分枝为数根，呈手指状，细根则丛生呈须团状，其上生有许多膨大瘤节，并可见到许多白色或黄白色粒状物。地上部分茎叶褪色，矮小，生长势衰弱。

防治方法：与禾本科作物轮作，挑选无根瘤的种根移植留种；种植前半月用石灰氮处理土壤。

【采收加工】

一、采收

白芷因产地和播种时间的不同，采收期各异。春播的白芷，河北在当年白露后、河南在霜降前后采收。秋播的白芷，河南在大暑至白露、河北在处暑前后采收。在茎叶枯黄时采挖，选择晴天，先割去地上部分，然后挖出全根。

二、产地加工

挖取根部后，去掉泥土及须根，就地晒干。

在传统方法中，如果白芷不能及时干燥，常采用熏硫防烂的方法。通常每1000kg鲜白芷，用硫黄7～8kg。熏硫可防止白芷霉烂，但对白芷有效成分之一的香豆素损害较大，同时硫化物残留容易超标，一般不宜采用。因此采用合理的加工方法显得非常重要。

研究表明，35℃烘干白芷的所需时间长，白芷根中欧前胡素和异欧前胡素含量高；而70℃烘干白芷虽需时短，但白芷中欧前胡素和异欧前胡素含量显著降低，同时白芷横断面焦黄；如105℃烘干白芷，则欧前胡素和异欧前胡素含量显著降低，白芷横断面焦黑。综上所述，将白芷的烘干温度控制在35℃是一种适宜的选择。

【贮藏】

置阴凉干燥处，防蛀。

【药材形态】

本品呈长圆锥形，长 10 ~ 25cm，直径 1.5 ~ 2.5cm。表面灰棕色或黄棕色，根头部钝四棱形或近圆形，具纵皱纹、支根痕及皮孔样横向突起，有的排列成四纵行。顶端有凹陷的茎痕。质坚实，断面白色或灰白色，粉性，形成层环棕色、近方形或近圆形，皮部散有多数棕色油点。气芳香，味辛、微苦。

【成分含量】

本品按干燥品计算，含欧前胡素（$C_{16}H_{14}O_4$）不得少于 0.080%。

【等级规格】

一等：干货。呈圆锥形。表面灰白色或黄白色。体坚。断面白色或黄白色，具粉性。有香气，味辛、微苦。每千克 36 支以内。无空心、黑心、芦头、油条、杂质、虫蛀、霉变。

二等：干货。呈圆锥形。表面灰白色或黄白色。体坚。断面白色或黄白色，具粉性。有香气，味辛、微苦。每千克 60 支以内。无空心、黑心、芦头、油条、杂质、虫蛀、霉变。

三等：干货。呈圆锥形。表面灰白色或黄白色。具粉性。有香气，味辛、微苦。每千克 60 支以外，顶端直径不得小于 0.7cm。间有白芷尾、黑心、异状、油条，但总数不得超过 20%。无杂质、霉变。

白术

【药用来源】

为菊科植物白术 *Atractylodes macrocephala* Koidz. 的干燥根茎。

【识别要点】

多年生草本，高 30 ~ 80cm，根茎肥厚，略呈拳状。茎直立，叶互生，叶片通常 3 ~ 5 羽状深裂，顶端裂片最大，裂片椭圆形至卵状披针形，边缘有刺齿；茎上部叶狭披针形，叶不裂。头状花序单生茎枝顶端，总苞钟状，总苞片 7 ~ 8 层，基部被一轮羽状深裂的叶状苞片包围，全部苞片顶端钝，边缘有白色蛛丝毛；全为管状花，花冠紫色，先端 5 裂；雄蕊 5，子房下位，表面密被绒毛。瘦果倒圆锥状，密生柔毛。冠毛羽状分裂。花果期 8 ~ 10 月。

【适宜生境】

白术喜凉爽气候，怕高温高湿，适宜生长在地势较高、排水良好的地方。白术的生长对土壤的要求不是很严格，一般的中性、偏酸性黏土或偏碱性的沙壤土均能生长，在排水良好的沙壤土中生长最好。白术不宜连作，种过的地最好 5 年以后再种。

【栽种技术】

一、生长习性

在 30℃以下的气温时，白术的生长随着温度的升高而加快；超过 30℃

气温时，白术的生长受到抑制。白术地下部分生长的适宜温度一般在 26～28℃。白术在 4 月播种，根形成期一般在 8 月左右。进入秋季后，白术的地上部分枯萎，根部积累了大量的有效物质，此时采收产量高、有效成分含量高。

二、繁育方法

用种子繁殖。生产上主要采用育苗移栽法。

1. **育苗** 3 月下旬至 4 月上旬，选择籽粒饱满、无病虫害的新种，在 30℃的温水中浸泡 1 天后，捞出催芽播种。播种方法可选择条播或撒播。条播则在播种前按行距 15cm 开沟，沟深 4～6cm，沟内灌水，将种子播于沟内，播后覆土，稍加镇压，畦面盖草保温保湿，然后再浇 1 次水。每 667m^3 用种 5～7kg。播后 7～10 天出苗，出苗后揭掉盖草，加强田间管理。至冬季移栽前，每亩可培育出 400～600kg 鲜术。

2. **移栽** 当年冬季至次年春季即可移植。以当年不抽叶开花、主芽健壮、根茎小而整齐、杏核大者为佳。移栽时剪去须根，按行距 25cm 开深 10cm 的沟，按株距 15cm 左右将苗放入沟内，芽尖朝上，并与地面相平。栽后两侧稍加镇压，栽后浇水。一般每亩需鲜白术 50～60kg。

三、栽种方法

1. **土地整理** 在播种前，要对土地进行除草和杀菌消毒，以免发生病虫害。一般在入冬前对土地进行深翻，土壤在冬季经过冰冻和风化，达到了杀菌消毒的目的。来年春天，将土地做成宽 1m 左右、高 20cm 的畦，施基肥。

2. **播种** 白术在春季播种，特别是在清明至谷雨这段时间播种最为适宜。但是，由于各地的气候条件不一样，最佳的播种时间会有所偏差。在播种前，要进行催芽处理，将白术的种子在 25～30℃的水中浸泡 4～5 小时，随后取出，放在布袋上，浇 35℃的水进行催芽，等种子萌芽时就可以播种了。

3. **苗期管理** 在幼苗出土后，要进行间苗，除去过密和生长不是很好的幼苗，等到幼苗生长到 4～5cm 时，要进行除草。在苗高 6cm 左右时，进行定苗，一般可按株距 7～9cm 定苗，并根据生长状况进行追肥。入秋，苗叶变黄时开始采挖种栽，在离顶端 1～2cm 处剪去枝叶，切勿伤及主芽和根状芽表皮，阴干，表皮发白后进行贮存。

4. 种栽贮存方法 一是在阴凉通风的室内贮存。注意避免阳光直射，用砖头或石块砌成方形，再在泥土地上铺 3～4cm 厚的细沙，将幼苗分层叠放，即一层幼苗，一层砂。每隔 0.6～1m 插 1 个草把，以利于通风透气。当堆至 35cm 高时，覆盖 7cm 厚的砂或泥土封顶，不宜太厚，防止发热腐烂。上放杉树枝，以防鼠害。冬季气温较低时，再加盖一层稻草。砂土须干湿适中，每隔 15～30 天翻堆检查 1 次，发现腐烂者要立即剥出。二是露天贮存。秋播的白术苗可覆干草或薄膜，就地越冬。次年春季随挖随栽。

5. 选择术栽 选取芽头饱满，根系发达，表皮细嫩，根茎上部细长、下部圆形的幼苗。按大小分类，分开种植，要使幼苗整齐，便于管理，以提高产量。以大如青蛙形，且密生柔软细根，主根细短或没有主根，在高山生地种的品质为优良。注意要将有病虫害的术栽全部除去。

四、田间管理

1. 除草 苗出土后，勤除草，保持田间无杂草，浅松土，使土壤不板结。早晨露水未干时，不宜除草，以免感染病害。5 月中旬植株封行后，只除草，不中耕。

2. 施肥 播种时要施足基肥，但也不宜过量。在进入 5 月前后，施肥 1 次，根据苗的生长情况确定施肥量。此外，白术在结果时，是生长的旺盛时期，需肥量较大，要加大施肥量。一般是在株间开小穴，施肥，然后覆土。

3. 灌溉 白术不宜生长在水分含量较大的土壤中，要做好田间的排水工作，防止雨水过多季节，造成田间积水导致死苗现象。在严重干旱的季节，要及时灌溉，保持田间湿润，否则会影响白术的生长，导致产量降低。

4. 特殊管理

（1）摘除花蕾：为了促进养分的集中供应，要适时摘除花蕾，每株留 5～6 个花蕾。摘蕾在晴天、早晨露水干后进行，避免雨水进入伤口引起病害或腐烂。

（2）盖草防旱：对于土壤结构较差、保水能力较弱的地区，谷雨前后可覆盖鲜草一层，防止水分蒸发。在平原地区也可以采取覆盖地膜的办法，既防旱又防止杂草生长。

5. 选留良种 摘除花蕾前选择植株高大、健壮整齐、无病虫害的株苗留种用。立冬后，白术下部叶枯老时，连茎割回，晒干，10～15 天后脱粒，去掉有病虫害及瘦弱的种子，装在布袋或纸袋内，贮存于阴凉通风处。或将果实摘回放于通风阴凉处，待果实干后，将种子打出，贮存备用。

【病虫防治】

一、病害

1. 白绢病 又称菌核性根腐病或菌核性苗枯病，主要发病部位在植株根茎部，多见于成株期。植株染病后，茎基和根茎出现黄褐色至褐色软腐，叶片黄化萎蔫，顶尖凋萎，下垂枯死。根茎腐烂有两种症状：一种是在较低温度下，被害根茎仅存导管纤维，呈“乱麻状”干腐；另一种是在高温高湿环境下，蔓延较快，白色菌丝布满根茎，并溃烂成“烂薯状”湿腐。后期受害植株的地上部分逐渐萎蔫死亡。

防治方法：深翻改土，加强田间管理；选无病害种栽，并用 50% 退菌特 1000 倍溶液浸种后下种；用 50% 多菌灵或 50% 甲基托布津 1000 倍液浇灌病区。

2. 立枯病 又叫烂茎瘟，由半知菌亚门真菌侵染引起。真菌危害幼苗，早春阴雨季节或土壤板结时易发生，受害病株干缩凹陷，最终直到死亡。

防治方法：进行土壤消毒，种植前用 50% 的多菌灵可湿性粉剂处理土壤。

3. 铁叶病 白术铁叶病是一种常年发生的比较严重的病害，要在成长期及时防治，防治不当会造成白术品质下降减产。发病部位为叶片，亦可危害茎和花苞。发病初期，叶片产生黄绿色失水小斑点，逐渐扩大，因受叶脉限制，病斑呈多角形或不规则形，为暗褐色至黑褐色。而后中央呈灰色，内生小黑点。重时病斑布满全叶，呈铁黑色，植株叶片由下向上枯死。

防治方法：清理田间，烧毁残株病叶；发病初期喷 1∶1∶100 波尔多液或 50% 退菌特 1000 倍液，8～10 天喷 1 次，连续 3～4 次。

4. 锈病 又叫黄斑病，为生长在叶上的棱形或近圆形、褐色、有黄绿色的晕圈。生长在叶片背部的病斑为黄色颗粒状物，破裂后为微黄色粉末。

防治方法：加强田间卫生管理，及时烧毁残株病叶；发病初期喷波美 0.2～0.3 度石硫合剂，7～10 天喷 1 次，连续 2～3 次。

5. 根腐病 又叫干腐病，是一种伤害根状茎的疾病，可使植物维管束发生病变。该病种由真菌引起，能够造成根部腐烂。根部的腐烂会影响植株对水分和养分的吸收，最终导致植物枯死。

防治方法：播种时选择健壮的植株留种；与禾本科植物轮作；发病期用 50% 多菌灵或 50% 甲基托布津 1000 倍液浇灌病区。

6. 菟丝子 又叫金丝藤，是一种寄生性种子植物。多生长在夏季。

防治方法：剔除混进白术种子里的菟丝子，发现后尽早除掉；施用鲁保 1 号防治，土质粉剂每亩 1.6～2.5kg 喷粉；或喷洒菌液，土制品每亩 0.75～1kg 或工业品每亩 2.5～4kg 加水 1500kg 喷雾。

二、虫害

白术的虫害主要有地老虎、蛴螬、蚜虫，其中地老虎、蛴螬为害最严重。

1. 地老虎 白术苗出土后至 5 月，这段时间是地老虎危害最严重的时期。

防治方法：可采取人工捕杀的方法。每日或者隔日巡视术地，若发现新鲜叶片有被咬过的痕迹，则在受害的叶面上的小孔里寻找地老虎，并进行捕杀。

2. 蚜虫 在 3 月下旬至 6 月上旬危害最严重。

防治方法：用鱼藤精 1 份加水 400 份，充分搅匀后，在清晨露水干后喷施，效果良好。

3. 蛴螬 夏秋季节至白术收获前，均对白术有危害，尤以小暑至霜降前危害最为严重。

防治方法：人工捕杀。在 9～10 月间翻土，在翻土时应进行深翻细捉；用桐油或硫酸铜（俗称胆矾）溶液喷洒；在摘除花蕾后，结合第 3 次施肥时，每 100kg 粪水加桐油 200～300g 施下。

4. 白蚁 大暑过后，白蚁食白术块根茎秆，受害白术植株枯黄而死。

防治方法：在大暑后，将嫩松枝截成 30cm 左右的松枝段，埋于术地的行间，诱集白蚁蛀食。每隔 10 日捕杀 1 次，可以避免受害。

5. 术籽虫 属鳞翅目螟蛾科，主要危害白术的种子。

防治方法：在冬季深翻土地，消灭越冬地虫源；水旱连作；在初花期，成虫产卵前，喷施 20% 氯虫苯甲酰胺 3000 倍液，5 ~ 10 天喷 1 次，连续 3 ~ 4 次；选育抗虫品种，阔叶矮秆型白术能抗此虫。

【采收加工】

一、采收

在种植当年 10 月下旬至 11 月上旬（霜降至冬至），茎秆由绿色转枯黄，上部叶已硬化，叶片容易折断时采收。过早采收则术株还未成熟，根茎鲜嫩，折干率不高；过迟则新芽萌发，根茎养分被消化。选择晴天、土壤干燥时挖出。

二、产地加工

晒干或烘干，晒 15 ~ 20 天。日晒过程中经常翻动的白术称为生晒术，烘干的白术称为烘术。烘干时，烘烤火力不宜过强，温度以不烫手为宜，经过火烘 4 ~ 6 小时，上下翻转一遍，细根脱落，再烘至八成干时，堆积 5 ~ 6 天，使内部水分外渗、表皮转软，再烘干即可。

【贮藏】

置阴凉干燥处，防蛀。

【药材形态】

本品为不规则的肥厚团块，长 3 ~ 13cm，直径 1.5 ~ 7cm。表面灰黄色或灰棕色，有瘤状突起及断续的纵皱纹和沟纹，并有须根痕，顶端有残留茎基和芽痕。质坚硬，不易折断。断面不平坦，呈黄白色至淡棕色，有的散在棕黄色点状油室；烘干者断面呈角质样，色较深或有裂隙。气清香，味甘、微辛，嚼之略带黏性。

【成分含量】

本品浸出物测定，用 60% 乙醇作溶剂，不得少于 35.0%。

【等级规格】

一等：干货。呈不规则团块，体形完整。表面灰棕色或黄褐色。断面黄白色或灰白色。味甘、微苦。每千克 40 只以内。无焦枯、油个、炕泡、杂质、虫蛀、霉变。

二等：干货。呈不规则团块，体形完整。表面灰棕色或黄褐色。断面黄白色或灰白色。味甘、微辛苦。每千克 100 只以内。无焦枯、油个、炕泡、杂质、虫蛀、霉变。

三等：干货。呈不规则团块，体形完整。表面灰棕色或黄褐色。断面黄白色或灰白色。味甘、微辛苦。每千克 200 只以内。无焦枯、油个、炕泡、杂质、虫蛀、霉变。

四等：干货。体形不计，但需全体是肉（包括武子、花子）。每千克 200 只以外。间有程度不严重的碎块、油个、炕泡，无杂质、霉变。

备注：①凡符合一、二、三等重量的花子、武子、长枝顺降一级。②无论炕、晒白术，均按此规格标准的只数分等。

【传统炮制】

白术：除去杂质，洗净，润透，切厚片，干燥。

麸炒白术：将蜜炙麸皮撒入热锅内，待冒烟时加入白术片，炒至黄棕色，逸出焦香气，取出，筛去蜜炙麸皮。每 100kg 白术，用蜜麸皮 10kg。

百 合

【药用来源】

为百合科植物卷丹 *Lilium lancifolium* Thunb.、百合 *Lilium brownii* F. E. Brown var. *viridulum* Baker 或细叶百合 *Lilium pumilum* DC. 的干燥肉质鳞叶。

【识别要点】

多年生草本。根茎横走，其上残留许多黄褐色纤维状的叶基，下部生有多数肉质须根。叶基生，线形，基部扩大成鞘状，具多条平行脉，没有明显的中脉。花葶直立，不分枝，其上生有尖尾状的苞片，花 2 ~ 3 朵成一簇，生在顶部集成穗状；花被 6 片，2 轮，花粉红色、淡紫色至白色；雄蕊 3 枚；子房上位，3 室，蒴果长圆形，具 6 条纵棱。花果期 5 ~ 9 月。

【适宜生境】

百合喜阳光，耐湿、耐干旱，在凉爽干燥的地带生长最好，生长的适宜温度为 15 ~ 25℃，地下部分能够在 −10℃的条件下安全越冬。百合的生长对土壤的要求不是很严格，一般排水良好的沙壤土和黏土均可栽培。

【栽种技术】

一、生长习性

生育期可以分为越冬盘根期、春后长苗期、现蕾开花期和鳞茎生长期。鳞茎卵状球形，高约 1.5cm，直径约 2cm；花期 6 ~ 7 月，果期 8 ~ 9 月。8 月中旬地上部分进入枯萎期，鳞茎成熟。6～7月为干物质积累期，花凋谢后进入高温休眠期。

二、繁育方法

百合分无性繁殖和有性繁殖。无性繁殖方法有大鳞茎分株繁殖、鳞片繁殖、小鳞茎繁殖和珠芽繁殖等。

三、栽种方法

1. 选地繁殖　选择排水良好、土层肥沃的沙壤土，不可连续耕种，前期作物最好是豆类植物，若为禾本科作物则基肥用量要增多。深翻25cm以上，每亩可施腐熟厩肥或堆肥2000kg、过磷酸钙50kg，整细耙平，做宽100～150cm的高畦，畦面呈瓦背形，畦间留30～50cm的作业道，开好排水沟。基肥不可与种球直接接触，防止种球腐烂。

2. 播种

（1）大鳞茎分株繁殖法：选择由3～5个围主茎轴带心的鳞茎聚合而成的大鳞茎，选出后，用手掰开作种。此类鳞茎个头较大，不需要培育就可以栽于大田，第2年8～10月可收获。此法是产区最常用的繁殖法。

（2）小鳞茎繁殖法：采收小鳞茎，并进行消毒，栽入苗床。在畦上按行距25cm、深3cm开横沟，在沟内每隔6～7cm摆放一个小鳞茎，保湿保温。经1年培育，一部分可达种球标准，较小者，继续培养1～2年，再作种用。

（3）鳞片繁殖法：此法为繁殖系数最高的方法。秋季植株的地上部分枯萎时，采挖鳞茎充实、肥厚的鳞片在1∶500的多菌灵或福美双水溶液中浸泡30分钟，取出阴干，播种于肥沃的沙壤土苗床上。播种温度控制在20℃左右，当年生根，次年春季即可萌发成幼苗。用此法繁殖，培育成商品百合需2～3年，每亩约需种鳞片100kg，培育出的种鳞茎可种大田约15亩。

（4）鳞心繁殖法：鳞茎收获后，大鳞茎外片留作药用，直径在3cm以上的鳞心可留作种用，随剥随栽。上年秋季栽种，翌年8～10月收获。连续繁殖4～5年后，必须更新繁殖材料。

（5）珠芽繁殖法：百合在茎秆下部的叶腋处可长出珠芽，一般在夏季成熟未自然脱落前采集，将其与湿润的河沙混合好后，贮藏于阴凉通风处。9月下旬至 10 月上旬，按行距 12～15cm 开 4cm 深的播种沟，沟内每 4～6cm 播珠芽 1 枚，播后覆土 3cm 左右。地冻前培土覆草盖膜，以便安全越冬。第 2 年春季出苗时去除覆盖的草和膜，中耕除草，适当追肥浇水，促使秧苗旺盛生长。秋季，地上部分枯萎后挖取小鳞茎，再按行距 30cm、株距 9～12cm 播种，覆土厚约 6cm，按上一年的管理方法再培育 1 年，秋季即可收获达到标准大小的种球，部分未达标的小鳞茎可继续培育。

（6）种子繁殖法：8～9 月采收成熟果实，经后熟开裂后，除去外壳，晾干种子，储藏备用。可以秋播和春播。在三四月一般进行春播。在整好的苗床上按 10～15cm 播种，沟深 2～3cm，宽 5～7cm，将种子均匀播于沟内，盖一层薄土，上面盖草保温保湿。出苗后揭去盖草，培植三四年，即可采挖，大的作商品，小的作种。

3. **定植**　百合的栽种一般在 9 月，选择抱合紧密、无破损、无病虫害的百合鳞茎作种，按大小分档。一般每亩用种量为 300～400kg，临栽种时可用 50% 多菌灵或甲基托布津可湿性粉剂 1kg 加水 500 倍，或用 20% 生石灰水浸种 15～30 分钟，晾干后播种。也可将杀虫药加土搅匀后，撒在种球上，然后再盖土。栽种密度的株行距为 25cm × 15cm，种植深度根据种鳞茎大小而定，小的 3～5cm，大的为 5～8cm。栽植前先按行距开挖 9～12cm 的沟，锄松沟底土，将种鳞茎底部朝下摆正，覆土。盖草防冻和保持土壤湿润，以利于发根生长。

四、田间管理

1. **前期管理**　百合在出苗后，要用稻草等作物进行覆盖，防止大雨对幼苗的冲刷，并可以预防由于夏季高温造成的百合腐烂。在苗出齐后要进行除草，百合在开花后进入休眠期，此时不需要除草。在除草时要浅耕，不能伤及鳞茎。

2. **中期管理**　5 月上中旬，百合开始进行生殖生长，此时应加强田间管理，注意排水，降低土壤的湿度；及时摘除花茎，促进鳞茎的生长；不要施加氮肥，因为氮肥会促进茎叶生长，从而影响地下鳞茎的生长。

3. **后期管理**　5 月下旬，珠芽成熟时，要及时摘除珠芽，在摘除株芽时，注意不要把植株折断，在多雨的天气要注意排水。

4. **追肥** 在早春前后晴天时进行第1次施肥，每亩施氮磷钾复合肥40～50kg。在4月上旬左右进行第2次施肥，每亩施氮磷钾复合肥40～50kg。在开花、打顶后再适量补施速效肥，每亩施碳氨10kg，同时在叶面喷施0.2%的磷酸二氢钾。

【病虫防治】

一、病害

1. **叶斑病** 百合叶斑病主要危害百合的茎、叶。叶片受害后出现圆形病斑，微下陷。随着分生孢子的大量出现，叶片呈深褐色或黑色，严重时叶片枯黄。如果病斑发生在茎部，会使茎秆变细，严重时腐烂而死。

防治方法：选用无病鳞茎作种；保持田间通风透光；实行轮作，雨后及时排水，降低土面湿度；播前对土壤和鳞茎进行消毒；发病前后，喷施1∶1∶100的波尔多液或65%代森锌可湿性粉剂500倍液，7天1次，连喷3～4次，可控制病害。以上措施还可以兼治百合鳞茎腐烂病。

2. **病毒病** 百合花叶的病叶面呈现浅绿、深绿相间的病斑，严重者叶片分叉扭曲，花变形或花蕾不开放。

防治方法：选用健株的鳞茎繁殖，可选用辛菌胺、盐酸吗啉胍、植物链蛋白等药剂防治。

3. **纹枯病** 这是由立枯丝核菌侵染所引起的一种真菌病害。受害植株根部先枯萎，然后从植株下部到上部叶片逐渐发黄枯死。

防治方法：选择排水良好的土地种植，或做高畦栽培；实行轮作，注意开沟排水，避免积水。

4. **腐烂病** 表现为受害植株叶片发紫、发黄，全株很快枯死，鳞茎腐烂呈黑灰色。

防治方法：开沟排水，降低土壤温度，实行轮作，高温时遮阴；发病初期用50%代森锰锌喷施。

二、虫害

百合的虫害主要有蛴螬、蚜虫、根蛆和地老虎，为害鳞茎和根。6 月下旬或 7 月中旬最严重。蚜虫常聚生于植株顶端的嫩叶、嫩茎与花蕾上，用口器吸食汁液。叶茎受害后生长缓慢、发黄、变形，生长点矮缩变小。根蛆（种蝇）的幼虫为害鳞茎，导致鳞茎腐烂。

防治方法：施用的有机肥要充分腐熟；用 50% 辛硫磷乳油 1000 倍液浇灌根部。

【采收加工】

一、采收

定植当年收获，选择晴天进行。9～10 月茎叶枯萎后，用镰刀割去地上部分，将鲜茎挖出，除去根须，运回加工。

二、产地加工

洗净，剥下鳞片，按大小分级，有大、中、小瓣，黏液厚薄之分。用沸水煮 1～2 分钟至百合鳞片边缘柔软，中间夹有生心，立即捞出，摊放席上晒干。如遇雨天要用火烘干。在沸水中煮时间不宜过长也不宜过短，如时间过长，因淀粉散失而发生黏连，须用清水冲洗；如时间过短，瓣卷曲，晒时由白变黑。

【贮藏】

置通风干燥处。

【药材形态】

本品呈长椭圆形，长 2～5cm，宽 1～2cm，中部厚 1.3～4mm。表面类白色至淡棕黄色，有的微带紫色，有数条纵直平行的白色维管束。顶端稍尖，基部较宽，边缘薄，微波状，略向内弯曲。质硬而脆，断面较平坦，角质样。气微，味微苦。

【成分含量】

本品按冷浸法测定浸出物不得少于 18.0%。

【等级规格】

统货：干货。本品呈长椭圆形，长 2 ~ 5cm，宽 1 ~ 2cm，中部厚 1.3 ~ 4mm。表面类白色、淡棕黄色或微带紫色，有数条纵直平行的白色维管束。顶端稍尖，基部较宽，边缘薄，微波状，略向内弯曲。质硬而脆，断面较平坦，角质样。气微，味微苦。以瓣匀肉厚、质硬、筋少、色白、味微苦者为佳。无杂质、虫蛀、霉变。

—— 板 蓝 根 ——

【药用来源】

为十字花科植物菘蓝 *Isatis indigotica* Fort. 的干燥根。

【识别要点】

二年生草本。主根深长。茎直立，高 40～100cm，光滑无毛。叶互生，基生叶具柄，叶片长圆状椭圆形，全缘或波状，有时不规则齿裂；茎生叶长圆形或长圆状披针形，先端钝或尖，基部垂耳圆形，半抱茎，全缘。复总状花序，花黄色；花萼 4；花瓣 4；雄蕊 6，4 强；长角果，长圆形，扁平，边缘翅状，紫色。花期 4～5 月，果期 5～6 月。

【适宜生境】

我国大部分地区均可种植，野生于湿润肥沃的沟边或林缘。板蓝根对气候的适应性很强，喜光照充足、肥沃的土壤，怕积水。板蓝根对土壤的要求不高，以沙壤土或壤土栽培最好。

【栽种技术】

一、生长习性

板蓝根的种子易萌发，对温度的要求较低，在 20℃左右萌发最快，发芽率最高。在种子发芽时，土壤中的水分以 55%～65% 最佳。土壤深厚松软，通气良好，肥沃，利于根系的生长。

二、繁育方法

主要是种子繁育。收获时选取根系粗壮、无病虫害的植株作为母根，按行距 40cm × 30cm 移栽到肥沃的留种地里培植。栽后及时浇水，加强管理。冬季需培土、施肥防寒。翌年 4 月幼苗返青后及时浇水、松土、除草。不可过量施氮肥，否则茎秆徒长细弱，遇风雨易倒伏，不利于种子的成熟。因此，要配合施用磷钾肥，待种子顺序成熟后，采收晒干脱粒，放置于通风干燥处贮存。

三、栽种方法

1. **土地整理** 宜选土层深厚、疏松肥沃、排水良好的土壤。低洼地、积水地或黏质土壤不宜种植。前茬作物收获后及时翻耕，秋耕越深越好，使土壤疏松。

2. **播种** 主要采用种子繁殖。

（1）留种：采收时，选择无病虫害、粗壮、不分叉的根留作采种的母根。按行距 50cm、株距 20 ~ 25cm 移栽到肥沃的留种地上。11 月下旬铺上一层厩肥防寒，第 2 年春天秧苗返青后及时浇水、松土、施肥，以促使幼苗生长旺盛。

（2）采种：5 ~ 6 月，待角果表面呈紫褐色或黄褐色时陆续采收，晒干脱粒，用麻袋贮藏，放于室内干燥阴凉处。

（3）播种期：分春播、夏播和秋播。春播于 3 月下旬至 4 月上旬进行，夏播不迟于 6 月，秋播在 8 月中下旬进行。

（4）播种方法：播种前，种子用 40℃的温水浸泡 4 小时，捞出后用草木灰拌均匀。在北方种植以春播为好，时间为 4 月 20 日 ~ 30 日。行播时要求宽苗带播种，行宽 60cm、株距 3 ~ 4cm，留成双行拐子苗；畦播的行距 20cm、株距 7 ~ 10cm，每亩保苗 40 ~ 50 万株。播种时，开 2cm 深的沟，将种子均匀地撒在沟内，覆土，用脚踩一遍，或用磙子轻压一遍，土壤墒情要达到田间最大持水量的 65% ~ 70%，播后 7 ~ 10 天出苗。

四、田间管理

1. **间苗定苗** 幼苗长到 4 ~ 7cm 时，将生长较密地方的幼苗移栽到生长稀疏的地方，等苗高长到 10cm 左右时进行三角形定苗。

2. 除草施肥 在幼苗间苗的同时即可进行除草，保证田间无杂草。在板蓝根的生长过程中要进行 2 次割叶，此时植株生长所需的营养较多，在每次割叶时都要进行 1 次追肥，8 月中旬再追施 1 次粪肥，以促进根部生长。

3. 灌溉排水 生长环境不宜过湿，但在生长后期要保持土壤湿润，以促进养分的吸收。在生长茂盛的 5 ~ 6 月，遇到干旱天气，可以在早上或者晚上进行灌溉。在多雨的季节要做好排水工作，防止烂根现象。

【病虫防治】

一、病害

1. 霜霉病 4 ~ 10 月发病。主要为害叶片，也可为害茎、花梗和角果。初期叶面有黄白病斑，中、后期叶背有灰白色霉状物。随着病情发展，叶色变黄，最后呈褐色干枯而死。

防治方法：注意排水和通风透光，避免与十字花科等易感霜霉病的作物连作或轮作，发病期用 70% 代森锰锌每亩 100 ~ 150g 对水 50 ~ 60kg 喷雾防治，每隔 7 天喷 1 次，连喷 2 次。

2. 灰斑病 7 ~ 8 月为发病盛期。主要为害叶片。老叶首先发病，随后新叶、嫩叶开始发病，呈现自上而下的发病趋势。主要表现为发病叶片产生圆形病斑，后期病斑变薄、变脆，最后龟裂或者穿孔，叶片枯死。

防治方法：合理轮作、清洁田园；加强日常管理，封垄前除草 2 次；雨后开沟排水；发病初期喷洒 1 ∶ 1 ∶ 100 的波尔多液或 50% 代森锰锌 600 ~ 800 倍液等防治 1 ~ 2 次。

3. 黑斑病 该病由多种细菌和真菌引起，主要表现为叶、柄、幼果等部位出现黑色斑片状病损，严重影响植物的生长和产出。

防治方法：收获后清园，加强日常管理，增施磷钾肥；发病初期喷洒 1 ∶ 1 ∶ 100 波尔多液或 50% 代森锰锌 600 倍液等药剂，视病情喷 2 ~ 3 次。

4. 白粉病 主要为害叶片。6 ~ 7 月发病，低温高湿、氮肥过多、植株过密、通风透光不良等情况下，均易发病。高温干燥时，病害停止蔓延。

防治方法：田间不积水，抑制病害发生；合理密植，配合施用氮、磷、钾肥。发病初期用 65% 福美锌可湿性粉剂 300 ~ 500 倍液喷雾。

5. **菌核病**　该病是由核盘菌属、链核盘菌属、丝核属和小菌核属等真菌引起的植物病害。一般在5～6月的高温多雨季节发病，为害全株。先是叶片发病，逐渐为害茎、果实等。茎基部染病，初生水渍状斑，后扩展并呈淡褐色，造成茎基软腐或纵裂，病部表面生出白色棉絮状菌丝体。叶片染病，叶面上出现灰色至灰褐色的湿腐状大斑，病斑边缘与健部分界不明显，湿度大时斑面上现絮状白霉，终致叶片腐烂。

防治方法：加强日常管理，增施磷钾肥；轮作；发病期间可施用一定的石硫合剂。

二、虫害

1. **菜粉蝶**　俗称菜青虫。6月上旬至下旬为害最重。幼虫为害叶片，造成孔洞或缺刻，严重者只留下叶脉。

防治方法：用杀螟杆菌或青虫菌（每克含活孢子数100亿以上的菌粉）2000～3000倍液，并按药液量加适量的肥皂粉或茶枯粉等黏合剂；苦树皮500g，加肥皂30g，水15kg，浸24小时，以浸出液喷施；或将苦树皮研成细末，每500g加1.5～2.5kg土杂肥，于朝露未干时撒在叶片上。

2. **黑点银纹夜蛾**　大多存在于植株茂密、避光的田块内，5月下旬最多，主要表现为幼虫残害幼苗。

防治方法：用50%杀螟松做超低量喷雾，每亩用150～250ml兑水1000倍液。

3. **菘跳甲**　5～6月危害最为严重，主要是成虫咬食叶片，幼虫蛀根。

防治方法：合理安排品种布局，避免与十字花科连作，播种前深翻晒地，改变生存环境。

4. **甘蓝蚜**　主要为害嫩梢。

防治方法：用10%吡虫啉1000倍液喷施防治。

【采收加工】

一、采收

霜降后、地上茎叶枯萎时选晴天进行，采挖时间不宜过迟，以免影响质量和产量。由于板蓝根入土较深，采收时先在畦沟一侧挖出深50～60cm的沟，然后顺沟采挖，以免挖断根部影响质量。

二、产地加工

挖取的板蓝根，在芦头和叶子之间，用刀切开，分别晾晒干燥，拣去黄叶和杂质，摊在芦上晒至七八成干；扎成小捆，晾晒至全干，打包或装麻袋贮藏。

【贮藏】

置阴凉干燥处，防霉、防虫蛀。

【药材形态】

本品呈圆柱形，稍扭曲，长10～20cm，直径0.5～1cm。表面淡灰黄色或淡棕黄色，有纵皱纹、横长皮孔样突起及支根痕。根头略膨大，可见暗绿色或暗棕色轮状排列的叶柄残基和密集的疣状突起。体实，质略软，断面皮部黄白色，木部黄色。气微，味微甜后苦涩。

【成分含量】

本品按干燥品计算，含（R，S）－告依春（C_5H_7NOS）不得少于0.020%。

【等级规格】

一等：干货。呈圆柱形，头部略大，中间凹陷，边有叶柄痕，偶有分支。质实而脆，表面灰黄色或淡棕色，有纵皱纹，断面皮部黄白色，中心黄色。气微，味微甜后苦涩。长17cm以上，芦下2cm处直径1cm以上。无苗茎、须根、杂质、虫蛀、霉变。

二等：干货。呈圆柱形，头部略大，中间凹陷，边有叶柄痕，偶有分支。质实而脆，表面灰黄色或淡棕色，有纵皱纹，断面皮部黄白色，中心黄色。气微，味微甜后苦涩。芦下直径0.5cm以上。无苗茎、须根、杂质、虫蛀、霉变。

【传统炮制】

除去杂质，洗净，润透，切厚片，干燥。

—北苍术—

【药用来源】

本品为菊科植物茅苍术 *Atractylodes lancea*（Thunb.）DC. 或北苍术 *Atractylodes chinensis*（DC）Koidz. 的干燥根茎。

【识别要点】

多年生草本植物，根状茎肥大，呈疙瘩状，外皮棕黑色。主茎直立，株高 30～80cm，茎单一或上部稍分枝。叶互生，叶片较宽，椭圆形或长椭圆形，边缘有不连续的刺状芽齿，一般羽状 5 深裂，叶革质，平滑。头状花序生于茎梢顶部，花白色管状。长圆形瘦果，密生银白色柔毛。花期 7～8 月，果期 8～10 月。

【适宜生境】

北苍术多野生于海拔 800～1850m 的丘陵、杂草或山阴坡的疏林边，因怕强光和高温、高湿，且耐寒力较强，其幼苗能承受 -15℃左右的低温，故喜凉爽、温和、湿润的气候。生长期的温度适宜在 15～25℃。一般土壤均可种植，但以排水良好、土层深厚、疏松肥沃、富含腐殖质、半阴半阳的沙质壤土栽培为宜。

【栽种技术】

一、生长习性

苍术（北苍术）种子一般在2月中旬到3月上旬萌发，在3月中旬至4月上旬时长出幼苗，随后便进入营养生长期。一年生植株不会抽薹开花，个别抽薹开花的植株会在8月孕蕾，并于11月中旬到第2年的3月中旬进行休眠。第2年于3月中旬至4月上旬为出苗期，4月中旬至6月中旬为营养生长期，6月下旬至8月中旬为孕蕾期，7月中旬至9月上旬为开花期，9月中旬至10月上旬为结果期，之后地上部分开始枯萎，进入休眠期。

二、繁育方法

主要是种子繁育和根茎繁殖。

可以在果实成熟后采集果实作为种子，也可选择根、茎，进行去须、消毒、切制处理后栽种或适当贮藏备用。一般在10月采集果实。将地上部分显黄的果实割下收集放置好，待其地上全部显黄时，说明其果实已全部成熟，此时可以脱粒取种。选择种子以颗粒饱满、色泽鲜艳、成熟度一致且无病虫害的为宜。

根茎繁殖则应选择没有病害损伤、健壮的根茎，剪去多余的须根，用多菌灵1000倍液喷雾对其进行消毒处理。然后按自然节纵切，自然晒晾半天至一天，用草木灰拌种。若已按上述过程处理，但不能立即栽种，可用一层根茎一层黄沙堆积的方法进行贮藏备用，且中央需要留通气孔，高度不能高过1m，防止其发热腐烂。

三、栽种方法

1. **选地** 应选择半阴半阳的荒山或荒坡地，土壤以疏松、肥沃、排水良好、荫蔽度在30%的沙壤土或腐质土为宜。黏性、低洼、排水不良的地块不宜种植。忌连作，可与玉米套种，但前茬作物以禾本科植物为佳。

2. **土地整理** 秋季或春季进行深翻，以30～40cm为宜。翻地时，以2000～2500kg/亩的标准施腐熟粪肥，混匀、整平耙细。起垄做畦，畦高20～30cm、宽130～140cm、间距40cm，畦长根据地势而定。

3. 播种

（1）种子直播：4 月初开始播种，一般地温稳定在 12℃以上。播种方式为条播，每亩用种量 2～3kg，每畦 4 垄，深 3cm，播后覆 1～1.5cm 的细土，上边盖一层稻草或松针。苗期要经常浇水，使土壤保持湿润。出苗后要去掉盖草。定苗一般在苗高 10～15cm 时结合除草进行，株行距 15cm×30cm。干旱时 3～5 天浇 1 次水，使土壤保持湿润；多雨季节要及时排水。

（2）育苗移栽：4～5 月播种，每亩用种 10～15kg，株行距 35cm×10cm，播深 3cm，覆土 1～1.5cm，上盖稻草或松针，适时浇水，使土壤保持湿润，忌积水。第 2 年春季 4～5 月进行移栽，株行距 15cm×30cm，栽后盖严土压实。每亩育苗地可栽种 8～10 亩大田。

四、田间管理

1. 除草　幼苗期应勤除草松土，将杂草、弱苗和密苗除掉。

2. 合理灌溉　若天气干旱要及时灌溉，根据土壤墒情一般每 3～5 天浇透 1 次水，保持地面湿润，便于出苗。浇水的时间不可选在中午，早晚浇水最为合适。多雨季节要及时清理畦沟，排除畦沟中的积水，以免使幼苗根部因缺氧而烂根，且每天早上露水未干时或雨后不可进地。

3. 追肥　一般在每年 5 月，小苗 5～7cm 时追第 1 次肥，结合浇水，每亩追施有机肥 50kg，促进其营养生长阶段的生长。7 月进行第 2 次追肥，结合浇水，每亩施有机肥 30kg，使植株籽粒饱满和后期根茎生长。

4. 除花蕾　在 7～8 月植株抽薹开花时，对非留种地的苍术植株可适当摘除花蕾，以便地下根茎生长。摘蕾要在现蕾初期将花蕾剪除，共摘 3 次，不能太早也不能太迟。过早影响植株生长；过迟则消耗养分太多，影响茎根生长。

5. 清洁田园　秋季植株枯萎后，及时进行清园。

【病虫防治】

一、病害

1. 黑斑病　发病从基部叶片开始，一般从叶尖或叶缘开始，最后两面都出现黑色霉层，且扩展迅速。发病初期，病斑呈圆形或不规则形，后期病斑逐渐连成片，呈褐色，并逐渐由基部向顶部蔓延，直至叶片全部枯死脱落。

防治方法：选种时要选健壮种苗栽培；对于已染病的药田，首先要销毁病株，并对病穴撒石灰进行消毒，并用25%嘧菌脂1000～1500倍液和25%苯醚甲环唑乳油2500倍液每7～10天喷1次，连喷2～3次；轮作，不可同感病的药材或茄科、豆科及瓜类等植物连作。

2. 根腐病　一般在雨水充沛季节，在地势低、易积水的地段易发生。本病主要危害植株的根部。

防治办法：选用无病种苗，用50%多菌灵100倍液浸种，浸种时间一般为4～6小时，浸泡完成后再栽种；在植株生长旺盛阶段要注意排水，防止土壤和积水板结；发病期用50%甲基托布津稀释850倍液或30%甲霜恶霉灵水剂1200～1500倍液进行浇灌；轮作。

二、虫害

蚜虫　成虫和幼虫吸食植株茎、叶的汁液，在苍术的整个生长发育过程中均易发生，4～6月危害最重。

防治方法：在发生期用5%的吡虫啉2000～3000倍液进行喷洒治疗，约每周1次，连续喷洒2～3次，或直至无虫害为止。

【采收加工】

一、采收

家种的苍术须生长2年后收获。茅苍术多在秋季采挖，北苍术分春秋两季采挖，但以秋后至翌年初春苗未出土前采挖的质量好。野生茅苍术春、夏、秋季都可进行采挖，以8月采收的质量最好。尽量避免挖断根茎或擦破表皮。

二、产地加工

茅苍术采挖后，除净泥土、残茎，晒干去掉毛须。北苍术挖出后，去掉泥土，晒至四五成干时装入筐内，撞掉须根，即呈黑褐色；在晒至六七成干，撞第2次，直至大部分老皮撞掉；晒至全干时再撞第3次，到表皮呈黄褐色为止。

【贮藏】

置阴凉干燥处。

【药材形态】

本品呈疙瘩块状或结节状圆柱形，长 4～9cm，直径 1～4cm。表面黑棕色，除去外皮者为黄棕色。质较疏松，断面散有黄棕色油室。香气较淡，味辛、苦。

【成分含量】

本品按干燥品计算，含苍术素（$C_{13}H_{10}O$）不得少于 0.30%。

【等级规格】

统货：干货。呈不规则的疙瘩状或结节状。表面黑棕色或棕褐色。质较疏松。断面黄白色或灰白色，散有棕黄色朱砂点。气香，味微甜而辛。中部直径 1cm 以上。无须根、杂质、虫蛀、霉变。

【传统炮制】

苍术：除去杂质，洗净，润透，切厚片，干燥。

麸炒苍术：取苍术片，以麸炒法炒至表面深黄色。

北 柴 胡

【药用来源】

为伞形科植物柴胡 *Bupleurum chinense* DC. 或狭叶柴胡 *B.scorzonerifolium* Willd. 的干燥根。

【识别要点】

柴胡为多年生草本，根常有分枝。茎丛生或单生，实心，上部多分枝，略呈“之”字形弯曲。基生叶倒披针形或狭椭圆形，早枯；中部叶倒披针形或宽条状披针形，有平行脉 7 ~ 9 条，下面具粉霜。复伞形花序，伞梗 4 ~ 10，不等长；小总苞片 5，披针形；小伞梗 5 ~ 10，花鲜黄色。双悬果宽椭圆形，棱狭翅状。花期 8 ~ 9 月，果期 9 ~ 10 月。

狭叶柴胡与上种主要区别：主根较发达，常不分枝；基生叶有长柄；叶片线形至线状披针形，有平行脉 5 ~ 7 条；伞梗较多，小伞梗 10 ~ 20。

【适宜生境】

柴胡喜温暖湿润、阳光充足、营养丰富的环境，耐寒、耐旱、怕涝，适应性强，以土壤疏松、肥沃、土层深厚的夹砂地为佳。常野生于海拔 1600m 以下山区、丘陵的荒坡、草丛、路边、林缘和林中隙地。

【栽种技术】

一、生长习性

柴胡为伞形科多年生草本植物，株高 45～80cm。丛生，叶互生。

柴胡有南北之分，柴胡（北柴胡）和狭叶柴胡（南柴胡）两个品种的种子均在 18℃开始发芽。温度较低时，植株的生长速度随气温升高而加快；但当温度高于 35℃时，植株生长受到抑制。一般 6～9 月生长最快，根的生长速度在后期增快。

二、繁育方法

柴胡的繁育方法多采用种子繁育。因柴胡的花期和果期时间较长，故采收的种子大小和成熟度存在较大差异，种子的发芽率为 35%～45%。

1. 选种留种 选植株粗壮、生长形态一致的药田留种。所选药田不摘除花蕾，以提高种子产量。种子的收获时间为每年的 8～10 月，当种子表皮变为褐色，子实变硬时，即可收获。由于柴胡植株的开花时间不同，种子的成熟时间也不同，种子随熟随落，不易收集，所以种植时要注意增大留种面积，保证种子产量，尽量做到随熟随采。

2. 种子处理 由于种子发芽率较低，为了提高柴胡种子的发芽率，在播种前可对种子进行处理。常用的处理方法如下。

（1）沙藏处理：用 30～40℃温水浸种 1 天左右，除去瘪粒，将 3 份湿沙与 1 份种子混合，将温度调至 20～25℃后催芽 10～12 天，当一部分种子出芽后，即可去掉沙土播种。

（2）药剂处理：用 0.85%～1% 高锰酸钾浸种，取出冲洗干净后播种。

三、栽种方法

1. 选地整地

（1）直播地：宜选土层深厚、疏松肥沃、pH 6.5～7.5 的夹砂土或沙壤土，药田要避风向阳，地势平坦，排灌方便。低洼易涝地段、盐碱地、黏重土壤不宜种植。深翻 30cm 以上，整平耙细，每亩施入腐熟厩肥或堆肥 1500kg，硫酸钾型复合肥 15～20kg，并于药田的四周开排水沟。

（2）套种地：前茬作物为玉米的壤土或沙质壤土中种植为佳。高粱、谷子、大豆地亦可。

2. 播种 主要采用种子直播和玉米套种。

（1）种子直播：适于小面积种植。一般在 3 月下旬至 4 月上旬，此时土壤表层温度稳定在 10℃以上。先按行距 15 ~ 18cm 开 1.5cm 浅沟，然后将种子均匀地撒入沟内，覆盖薄土，浇透水，再覆草以保温保湿，用种量每亩为 2.5 ~ 3kg。

（2）玉米套种：播种时间为 6 月下旬至 7 月下旬。宁可播种后等雨，不要等雨后播种。柴胡种子的每亩用量为 2.5 ~ 3kg，用工具顺行浅锄一遍，然后按行距条播，播后不必盖土。由于套种田遮阴，因而普遍出苗整齐。

四、田间管理

1. 间亩定苗 直播地，在幼苗长至 3 ~ 5cm 时进行间苗，苗高 5 ~ 7cm 时按株距 3 ~ 4cm 定苗。套种的柴胡在前茬作物收获后，进行 1 次间苗，留苗株距 3 ~ 4cm，每亩留苗 8 万 ~ 10 万株。

2. 施肥 在柴胡的第 1 年营养生长期，追肥以氮肥为主，定苗后施清淡腐熟粪水 1 次，之后每年追肥 1 ~ 2 次，每次每亩施磷钾肥 15 ~ 20kg，追肥后要浇水。

3. 除草 苗期要勤除草，做到田间无杂草。之后的每年春季，在柴胡返青后浅锄一遍，起到除草、保墒双效；5 月以后，随着柴胡秧苗长大，田间封垄，就可抑制杂草生长，不用下锄。套种的柴胡，在前茬作物收获后，根据田间苗情中耕一遍；如果田间苗小，人工拔除田间杂草即可。

4. 灌溉排水 苗期要经常浇水保湿。多雨季节应及时排除积水，防止烂根。

5. 割薹促根 除留种的药田外，应于第 2 年割薹。在 6 月下旬割薹，此时植株已至抽薹开花初期，此时将植株茎叶割去，留茬高度在 15cm 左右。去除花蕾，可以减少植株的营养消耗，促进根系生长。

【病虫防治】

一、病害

1. 根腐病　多发于高温多雨季节。发病初期，个别侧根、须根变色，后扩散至主根，终至全部腐烂，最后植株大面积枯死。

防治方法：定植时严格剔除病株、弱株；收获前增施磷肥、钾肥，增加植株抗病能力；忌连作，可与禾本科植物轮作，注意开沟排水；可用50%甲基托布津1000倍液灌根。

2. 锈病　由真菌引起，主要危害叶片，感病叶片背面稍稍隆起，后期破裂散出橙黄色的孢子。

防治方法：用25%粉锈宁可湿性粉剂1000倍液喷雾防治。

3. 斑枯病　通常发生在雨季。

防治方法：用1∶1∶120波尔多液或50%退菌特可湿性粉剂1000倍液喷雾防治。

二、虫害

防治方法：针对黄凤蝶、赤条蝽，可选用5%高效氯氰菊酯乳油1500倍液或1.8%阿维菌素乳油2000倍液喷雾防治2～3次；针对蛴螬、地老虎、金针虫等地下害虫，可用50%辛硫磷乳油800倍液灌根。

【采收加工】

一、采收

播种第2年寒露后，即10月上旬采收。选择晴天，采挖前割去地表茎秆，柴胡根较浅，可用拖拉机顺利翻出地面，或者用人工采挖，但不得碰破根皮，以免影响商品品质。

二、产地加工

趁鲜剪掉芦头和毛根，400～500g为1捆，捆3道，晾晒干燥。均匀摆至烘干室干燥，温度50～60℃，要求受热均匀，温度过低或过高则影响等级。干燥至含水量为10%左右为佳。宜切制成2～4mm的小段，切记不要切成小于1mm的薄片。

【贮藏】

置通风干燥处，防蛀。

【药材形态】

本品呈圆柱形或长圆锥形，长6～15cm，直径0.3～0.8cm。根头膨大，顶端残留3～15个茎基或短纤维状叶基，下部分枝。表面黑棕色或浅棕色，具纵皱纹、支根痕及皮孔。质硬而韧，不易折断，断面显纤维性，皮部浅棕色，木部黄白色。气微香，味微苦辛。

【成分含量】

本品按干燥品计算，含柴胡皂苷a（$C_{42}H_{68}O_{13}$）和柴胡皂苷d（$C_{42}H_{68}O_{13}$）的总量不得少于0.30%。

【等级规格】

统货：干货。呈圆锥形，上粗下细，顺直或弯曲，多分枝。头部膨大，呈疙瘩状，残茎不超过1cm。表面灰褐色或土棕色，有纵皱纹。质硬而韧，断面黄白色，显纤维性。微有香气，味微苦辛。无须毛、杂质、虫蛀、霉变。

【传统炮制】

北柴胡：除去杂质和残茎，洗净，润透，切厚片，干燥。

醋北柴胡：取北柴胡片，以醋炙法炒干。

南柴胡：除去杂质，洗净，润透，切厚片，干燥。

醋南柴胡：取南柴胡片，以醋炙法炒干。

北 沙 参

【药用来源】

为伞形科植物珊瑚菜 *Glehnia littoralis* Fr.Schmidt ex Miq. 的干燥根。

【识别要点】

多年生草本，高 10～35cm。主根细长圆柱形。茎大部埋在沙土中，一部分露出地面。叶基出，互生；叶柄长，基部鞘状；叶片卵圆形，三出式分裂至二至三回羽状分裂，最后裂片圆卵形，先端圆或渐尖，基部截形，边缘刺刻，质厚。复伞形花序顶生，密生灰褐色绒毛；伞梗 10～20；无总苞，小总苞由数个线状披针形的小苞片组成；花白色，每 1 小伞形花序有花 15～20 朵；花萼 5 齿裂，狭三角状披针形，疏生粗毛；花瓣 5。双悬果近球形，具绒毛，果棱有翅。花期 6～7 月，果期 8 月。

【适宜生境】

北沙参的生长地理范围较广，对气候要求不是很严格，一般在阳光充足、温暖湿润的地方生长得最好。北沙参对土壤要求不严格，干旱、盐碱地都能生长，但怕水涝和连作。北沙参耐严寒，在气温较低的地方也能生长。

【栽种技术】

一、生长习性

北沙参属于多年生草本植物，在一般沙壤土中均能较好地生长。喜阳光、温暖、湿润的气候，不耐积水，能抗旱、耐寒、耐盐碱，生长温度在18～22℃之间，越冬抗寒能力较强。北沙参在不同的生长阶段对温度的要求不同，种子萌发阶段需要低温环境，营养生长期需要温和的气候条件，开花结果期需要较高的气候。冬季地上部分枯萎，地下部分能够安全越冬。

冬季地上部分枯萎，地下根能在露地安全越冬。北沙参种子属低温型，有胚后熟特征，胚后熟需在5℃以下低温经4个月左右才能完成，因此必须经过低温阶段。未经过低温阶段的种子，播种后第2年才能出苗。种子有胚后熟休眠，经0～5℃低温处理120天，发芽率达95%以上。

二、繁育方法

多用种子繁殖。种子成熟时采收，采用当年的种子。在冬播前，对种子进行处理，搓去果翅，放入清水中浸泡1～2小时，取出堆放在一起，每天翻动1次，水分不足时进行适当地喷水，直至种仁润透。采取春播时，要提前对种子进行低温处理，以利于发芽出苗。如果是干种子要提前进行浸泡，浸泡后与细沙混合，放入冰箱内冷冻，在春天结冻后取出播种。

三、栽种方法

1. 土地整理　选择土层肥厚、土壤疏松、排水方便的沙壤土，黏土和低洼积水地不宜种植。每亩施农家肥2000kg、氮磷钾复合肥40～50kg作基肥，深翻50～60cm，整细耙平后做1.5m宽的畦，四周开好深50cm的排水沟。

2. 播种　有窄幅条播、宽幅条播和撒播。大面积栽培多采用宽幅条播。

（1）窄幅条播：按行距10～15cm，沟深4cm左右，播幅宽6cm左右，横向开沟。随后将种子均匀地撒入沟内，覆土，用脚踩平。

（2）宽幅条播：按行距22～25cm，开播种沟，沟深4cm左右，播幅宽13～17cm。播种、覆土、粒距等与窄幅条播要求相同。

（3）撒播：将畦中间的细土向两边散开，开3cm左右的沟，将种子均匀地撒在沟内，随后用细土覆盖，推平，稍加镇压即可。播种量依据土壤的水分、土质、灌溉条件等而定。

四、田间管理

1. 除草　早春结冻后，要进行松土，及时清除田间的杂草。由于北沙参属于密植植物，在除草时易折断茎叶，所以在苗出土后，不宜采用中耕。

2. 间苗及定苗 待小苗具 2～3 片真叶时，按株距 3cm 左右呈三角间苗。苗高 10cm 时定苗，株距 6～10cm。

3. 水肥管理 生长过程中，如果遇到干旱季节，要及时进行灌溉，保持土壤湿润。在雨水较多的季节，田间易造成积水，要注意做好排水工作。在北沙参的生长过程中，为了保证产量，要进行追肥处理，6 月中旬每亩追施氮磷钾复合肥 40～50kg，以后酌情追施。

4. 摘蕾 非留种田，应及时摘除花蕾。

【病虫防治】

一、病害

1. 根结线虫病 主要为害根部，病原线虫寄生在根皮与中柱之间，使根组织过度生长，结果形成大小不等的根瘤。

防治方法：加强种苗检验和培育无病种苗；加强肥水管理；土壤砂质较重时，逐年改土；忌连作，可与禾本科作物轮作；不选在前茬是花生等豆类作物的土地上种植；可用菌线威 3500～7000 倍液浇灌植株基部进行防治。

2. 北沙参病毒病 5 月上中旬发生，较易发生在种子田。发病植株叶片皱缩扭曲，生长迟缓，矮小畸形。

防治办法：选用无病植株留种；彻底防治蚜虫、红蜘蛛等病毒传播者。

3. 锈病 7 月中下旬开始发生，是由锈菌目的真菌所引起的各种破坏性的植物病，特征是在茎、叶或其他部分出现损害性的红褐色斑点，散出大量的棕褐色呈粉状的夏孢子。严重时使叶片或植株早期枯死。

防治办法：收获后清理园地，特别种子田要彻底清理干净，集中烧毁病残体；增施有机肥、磷钾肥，以增强植株抗病能力；发病初期可喷 25% 粉锈宁可湿性粉剂 1000 倍液，或波美 0.2～0.3 度石硫合剂。

二、虫害

1. 钻心虫 又叫三化螟、二化螟，幼虫钻入植株各个器官内部，导致植株中空，不能正常开花结果，每年发生多代，栽培 2 年以上的植株为害严重。

防治方法：7～8 月进行灯光诱杀；在幼虫孵化期用 0.3% 苦参碱乳剂 800～1000 倍液，或天然除虫菊素 2000 倍液喷雾防治，在钻心虫发生期用氯氰菊酯或氯虫苯甲酰胺悬浮剂 1000 倍液喷雾防治，7 天 1 次，连喷 1～2 次。

2. **蚜虫**　蚜虫为瓜蚜，又称腻虫或蜜虫等。为害植株茎叶的害虫主要是胡萝卜微管蚜，每年发生 2～3 代，5 月下旬为高峰期。

防治办法：前期蚜虫量少时，可利用瓢虫等天敌，进行自然控制。无翅蚜发生初期，用 0.3% 苦参碱乳剂 800～1000 倍液或天然除虫菌素 2000 倍液等喷雾防治。根据虫害发生的程度，可选择化学药剂防治：用 10% 吡虫啉可湿性粉剂 1000 倍液或 15% 吡蚜酮 2000 倍液等交替喷雾防治。

3. **黑绒金龟子**　主要在苗期为害。

防治方法：人工捕杀或每亩用 50% 辛硫磷乳油 0.25kg 拌细土 30kg 撒施。

【采收加工】

一、采收

一年参于第 2 年“白露”到“秋分”参叶微黄时采收，称“秋参”。2 年参于第 3 年“入伏”前后采收，称“春参”。采收应选晴天进行，在参田一端刨 60cm 左右深的沟，稍露根部，然后边挖边拔根，边去茎叶。起挖时要防止折断参根，降低品质。并随时用麻袋或湿土盖好，保持水分，以利剥皮。

二、产地加工

将参根上的泥土洗净，按粗细长短分级，用绳扎成 2～2.5kg 的小捆，放入开水中煮沸。方法：握住芦头一端，先把参尾放入开水中煮沸几秒钟，再将全捆散开放入锅内煮，不断翻动，煮 2～4 分钟，以能剥下外皮为度，然后捞出，摊晾，趁湿剥去外皮，晒干或烘干，通称“毛参”。供出口的“净参”，是选一级“毛参”，再放入笼屉内蒸一遍，蒸后趁热把参条搓成圆棍状，搓后用小刀刮去参条上的小疙瘩及不平滑的地方，晒干，用红线捆成小把即成。

【贮藏】

置通风干燥处，防蛀。

【药材形态】

本品呈细长圆柱形，偶有分支，长 15 ~ 45cm，直径 0.4 ~ 1.2cm。表面淡黄白色，略粗糙，偶有残存外皮，不去外皮的表面黄棕色。全体有细纵皱纹和纵沟，并有棕黄色点状细根痕；顶端常留有黄棕色的根茎残基；上端稍细，中部略粗，下部渐细。质脆，易折断，断面皮部浅黄白色，木部黄色。气特异，味微甘。

【等级规格】

一等：干货。呈细长条圆柱形，去净栓皮。表面黄白色。质坚而脆。断面皮部淡黄白色，有黄色木质心。微有香气，味微甘。条长 34cm 以上，上中部直径 0.3 ~ 0.6cm。无芦头、细尾须、油条、杂质、虫蛀、霉变。

二等：干货。呈细长条圆柱形，去净栓皮。表面黄白色。质坚而脆。断面皮部淡黄白色，有黄色木质心。微有香气，味微甘。条长 23cm 以上，上中部直径 0.3 ~ 0.6cm。无芦头、细尾须、油条、杂质、虫蛀、霉变。

三等：干货。呈细长条圆柱形，去净栓皮。表面黄白色。质坚而脆。断面皮部淡黄白色，有黄色木质心。微有香气，味微甘。条长 22cm 以下，粗细不分，间有破碎。无芦头、细尾须、杂质、虫蛀、霉变。

【传统炮制】

北沙参：除去残茎和杂质，略润，切段，干燥。

薄 荷

【药用来源】

为唇形科植物薄荷 *Mentha haplocalyx* Briq. 的干燥地上部分。

【识别要点】

多年生草本，高 10～80cm。茎方形，被逆生的长柔毛及腺点，单叶对生，叶片短圆状披针形或披针形，两面有疏柔毛及黄色腺点。轮伞花序腋生；萼钟形，5 齿，外被白色柔毛及腺点；花冠淡紫色，4 裂，上裂片顶端微 2 裂；雄蕊 4，前对较长，均伸出花冠外。小坚果卵圆形，黄褐色。花期 7～9 月，果期 10 月。

【适宜生境】

薄荷的生长适应性较强，耐寒耐热，但不耐涝，在海拔 2000m 下均能生长。并且薄荷对土壤条件的要求不高，在一般的土壤中均能生长，以沙壤土中生长得最好。随着海拔的升高，湿度的加大，薄荷油和薄荷脑的含量会降低，降低薄荷质量。

【栽种技术】

一、生长习性

薄荷又称鱼香草，为唇形科多年生草本植物，是一种生长在低地、路边、河滩、湖边以及园地等处，可以药食兼用的野菜，广泛分布于全国各地。在大多数地区都有栽培。实生苗当年即可开花结果，根茎宿存过冬。根茎在5～6℃萌发出苗，植株生长的适宜温度为20～28℃，地下根茎在−28～−20℃的温度下仍可安全越冬。低温稳定在2～3℃时，地下茎开始萌发；气温低于10℃时，地上部分停止生长；气温低于0℃以下时，地下茎进入越冬休眠期。薄荷对土壤的要求不严，一般土壤的pH值为6.5～7.5为宜。

二、繁育方法

多用根茎繁殖和种子繁育。薄荷品种容易退化，应做好留种、选种工作，常用方法有：

1.片选留种（去劣量优法） 品种优良植株占大多数的薄荷，只有少量混杂退化，可以在除草时直接拔去野生种或者混杂种，同时将病苗、劣苗拔除，遇到稀疏的部分要及时进行补苗。

2.复茬留种 适用于混杂、退化严重的田块，于4月下旬在大田中选择健壮且不退化的植株，按株行距15cm×20cm，选取合适的种田，加强管理，以供种用。

3.择优移苗法（选优法） 当劣株占大多数时，可在苗高15cm左右时，将优良品种带土挖走，移栽到另一块大田中，作为良种。翻耕余下之劣株，改种其他作物。

三、栽种方法

1.土地整理 选择肥沃、排灌方便、阳光充足、近年内未种过薄荷的沙壤土。第1次收获后，每亩施优质有机肥4000～5000kg、尿素20～25kg、三元复合肥50～60kg、硼镁锌复配微肥4～5kg等作基肥。

2.播种育苗 有散播、条播和穴播三种，主要以条播为主。在整理好的畦面上开行距25～30cm、深8～10cm的条沟，把准备好的良种均匀地撒入沟中，覆土压实。在较干旱的地区，土壤的含水量较低，播种时要挖深一些，也可以先灌溉，等土壤湿润后再进行播种，或者播种后再灌溉。

3.育苗移栽 一般在4月上旬进行，早栽生根快、发芽多，且根、芽粗壮。播种时，必须做到挖根、开沟、撒根、覆土一起完成，并将已播种完毕的畦面压实，使种根与土壤密切接触，以防土壤架空而使种根失水干枯。薄荷根茎刨出后，选择茎节短、肥大、黄白色的新根，剪成 6～10cm 的小段，每段要有 3～4 个茎节。在畦内按行距 30～35cm、开 5～6cm 深的沟，将根茎按 17～20cm 一穴、每穴 2～3 株栽到沟里，然后盖上踏实，并立即浇水。栽种后覆土，反复耙耱，以防架空不实，冷风入侵，冻死根茎。

四、田间管理

1. 定苗除杂 去除野杂薄荷植株连根挖起，随后把过密处的幼苗移栽到缺苗的地方，移栽后立即浇水，防止因含水量不足而导致移栽的幼苗成活率低。在挖苗时应从根处挖，尽量避免对临近植株的牵动，起苗后留下的洞穴，要用泥土填满，以免影响临近植株的生长。在除杂时，要准确掌握所需薄荷的形态，避免混淆。

2. 除草 在薄荷种植株间人工除草，从而保墒，增加环境温度，促进薄荷苗生长。在收割时再进行 1 次除草，避免在收割时引入杂草，从而影响薄荷油的质量。

3. 追肥 第 1 次收获的薄荷生长时间长，一般在 140 天左右，在生长时需要大量的肥料，除在播种时施足基肥外，在生长过程中还要根据其生长状况追肥 2～3 次，每次每亩施尿素 5kg 左右。追肥的用量和种类要根据播种品种、土壤和种植方式而定。第 2 次收获的薄荷由于生长周期短，施肥时应该采取先重后轻的原则。就施肥的总体而言，一般采用两头轻、中间重的方法，即在苗期和后期施肥量少，在生长旺盛期要多施肥，以保证产量。

4. 轮作换茬 如连年耕种薄荷，会导致严重的病虫害和杂草。此外，薄荷的生长和薄荷油的形成过程中对土壤中的元素具有选择性，连作的土壤营养元素发展不均衡，会导致薄荷产油量低、品质差，因此应每年更换种植品种。若连作则最多不能超过 2 年。

5. 排灌 每次施肥后要及时灌溉。在薄荷的生长旺盛期，水、肥都要充足，否则会影响产量。在高温季节，要及时补充田间水分，保持土壤湿润。在多雨季节要做好排水工作，防止因积水导致的根部腐烂，从而影响产量。收割前 20～30 天应停止灌水，防止收割前植株贪青返嫩，影响产量及质量。

【病虫防治】

一、病害

1. 薄荷锈病　属担子菌亚门真菌。主要为害叶片和茎。叶片染病初在叶面形成圆形至纺锤形黄色肿斑，后变肥大，内生锈色粉末状锈孢子。后又在表面生白色小斑，即夏孢子，呈圆形浅褐色，秋季在背面形成黑色粉状物，即冬孢子。严重时病部肥厚畸形，叶片枯萎脱落，以致全株枯死。该病发生在5～10月，多雨季节易发病。

防治方法：在播种前用40℃热水浸泡种根10分钟；加强田间通风，减少株间湿度，发现病株应及时拔除烧毁；发病期间用20%三唑酮乳油1000～1500倍液防治。

2. 薄荷斑枯病　又称白星病，是一种危害叶片的病症，多发生在夏季。发病初期，叶片出现暗绿色的小圆形病斑，随着病症的加剧，病斑不断扩大，呈暗褐色，中心变为灰白色，最终导致叶片枯萎脱落。

防治方法：轮作；发病初期及时摘除病叶烧毁，用70%代森锰锌600倍液喷洒。

3. 白粉病　主要危害叶片和茎。叶两面生白色粉状斑，存留，初生无定形斑片，后融合，或近存留，后期部分消失。发病后叶片、叶柄甚至茎秆上出现白色粉末，受害植株的生长受限。发病严重时，直接导致叶片枯黄、脱落，最终整个植株枯萎。

防治方法：种植薄荷的田地应尽量远离瓜、果（如南瓜、黄瓜、梨等）地；用生石灰5kg、硫黄粉10kg、水65kg，先煮成原液或母液，应用时加水稀释成1000倍液喷洒。

二、虫害

1. 小地老虎　主要危害幼苗，造成出苗不齐。

防治方法：用40%菊马乳油或菊杀乳油2000～3000倍液喷撒。

2. 银纹夜蛾　银纹夜蛾的幼虫咬食叶片和花蕾，造成叶片残缺。

防治方法：用50%抑太保乳油1500倍液喷洒，或20%氯虫苯甲酰胺

3000 倍液等喷雾防治。收割前 20 天停止用药。

3. *薄荷根蚜*　主要危害薄荷根部，导致植株由绿色变成黄色，外观表征类似缺肥症状。

防治方法：用 10% 吡虫啉可湿性粉剂 1000 倍液或啶虫脒乳油 1500 倍液喷雾防治。

【采收加工】

一、采收

薄荷在江苏和浙江地区每年可收割 2 次，华北地区每年收割 1～2 次。第 1 次（头刀）在 6 月下旬至 7 月上旬，不得迟于 7 月中旬，否则影响第 2 次收割量。第 2 次（二刀）在 10 月上旬开花前进行。薄荷油在花蕾期含量高，薄荷脑在盛花期含量高，因此薄荷的最佳收获期在花蕾期至盛花期。应在晴天的中午 12 时至下午 2 时进行，此时叶中含油、脑量最高。用镰刀贴地将植株割下即可。

二、产地加工

鲜薄荷收割回后，立即曝晒，切忌堆捂，至七八成干时，扎成小把，再晒至全干即可。切勿雨淋或夜露，防止变质发霉。

【贮藏】

置阴凉干燥处。

【药材形态】

本品呈方柱形，有对生分枝，长 15～40cm，直径 0.2～0.4cm。表面紫棕色或淡绿色，棱角处具茸毛，节间长 2～5cm；质脆，断面白色，髓部中空。叶对生有短柄；叶片皱缩卷曲，完整者展开后呈宽披针形、长椭圆形或卵形，长 2～7cm，宽 1～3cm；上表面深绿色，下表面灰绿色，稀被茸毛，有凹点状腺鳞。轮伞花序腋生，花萼钟状，先端 5 齿裂，花冠淡紫色。搓揉后有特殊清凉香气，味辛凉。

【检查】

除其他检查项外，本品要求叶不得少于30%。

【成分含量】

本品含挥发油不得少于0.80%（ml/g）。

【等级规格】

薄荷：本品为唇形科植物薄荷的干燥地上部分。茎多呈方柱形，表面呈紫棕色或淡绿色，具纵棱线，棱角处具茸毛（饮片呈不规则的段），断面白色，髓部中空。叶对生、有短柄，叶片皱缩卷曲，展平后呈宽披针形、长椭圆形或卵形，叶上表面呈深绿色，下表面呈灰绿色，稀被茸毛，有凹点状腺鳞；轮伞花序腋生；揉搓后有特殊清凉香气，味辛凉。等级分类见表1。

表1　薄荷等级规格

等级	叶占比	
一	40%以上	叶深绿色，颜色一致
二	35%～40%	叶深绿色，颜色一致
三	30%～35%	叶深绿色，颜色一致

【传统炮制】

除去老茎及杂质，略喷清水，稍润，切短段，及时低温干燥。

赤芍

【药用来源】

为毛茛科植物芍药 *Paeonia lactiflora* Pall. 或川赤 *Paeonia veitchii* Lynch. 的干燥根。

【识别要点】

芍药形态见白芍。

川赤芍为多年生草本，根圆柱形。茎下部叶为二回三出复叶，小叶通常二回深裂，花 2～4 朵生于茎顶端和其下的叶腋，苞片 2～3，萼片 4；花瓣 6～9，紫红色或粉红色；雄蕊多数；心皮 2～5，蓇葖果密被黄色绒毛。花期 6～7 月，果期 7～9 月。

【适宜生境】

赤芍喜气候温和、阳光充足、雨水适量的环境，既能耐热，又能耐寒。川赤芍主要生长在海拔 1400m 以上的高山、峡谷。野生芍药主要分布于北方，生长在海拔 1000～1500m 的山区或平原地区的天然植物群落中。喜湿润，但怕水涝，水淹 6 小时以上，植株会死亡，故土壤积水或雨水过多不利于其生长。对土壤要求不高，以土质肥沃疏松、土层深厚、排水良好、含腐殖质的沙质壤土为好，pH 中性或稍偏碱性均可。

【栽种技术】

一、生长习性

本品为多年生宿根植物，4 月露芽出苗，4～6 月生长最旺盛，5 月上旬现蕾，6 月上旬为开花期，9 月左右种子成熟，根部此时膨大最快，有效成分的积累也在此阶段达到高峰。此后，地上部分枯萎，植株进入休眠期。种子发芽需要低温条件，即在秋天播种经越冬低温条件，打破胚的休眠，翌春才能出苗。

二、繁育方法

主要有种子繁殖和芽头繁殖 2 种方式。由于种子繁殖生产周期长，一般要 5 年以上才能收获，生产上多不采用，因此主要采用芽头繁殖。

1. 种子繁殖　待种子成熟后采下健壮植株的种子，随采随播，否则一经干燥，发芽力会大幅度降低；若需储存，则要用 3 倍湿沙与种子混拌储藏，储藏时间不能超过 1 个月。在畦面开横沟，行距 22～25cm，沟宽约 12cm、深 5～7cm，将种子均匀播撒，在其上覆土约 6cm，稍加镇压，上面可盖一层厩肥，起到保种越冬的作用。在过于寒冷地区，畦面可适当盖秸秆，翌春出苗后揭去，在苗圃培育 2～3 年，才可出圃定植，苗期要勤除草、施肥。

2. 芽头繁殖

（1）芽头的选择：将芽头以下的粗根切下入药，将芽头按自然生长的形状切开，厚 2～3cm，每块保留 2～3 个芽头，多余的切除，然后将切块直接栽种于土内。

（2）芽头的栽种：在每年的 8～9 月栽种，不宜过晚，否则会发新根，栽种时易断。且栽种过晚，气温降低，影响生根速度，进而影响翌年的生长。

三、栽种方法

栽培前，要对土地精耕细作，地块四周要开渠，利于排水。栽种时间为 8 月 20 日～9 月 10 日，若想缩短种植年限，可采用芽头种植。

1. 大垄栽培　垄上开沟，行距 50cm，株距 30cm，芽头朝上，并用少量土固定，施饼肥、腐熟厩肥，覆土后稍加镇压。

2. 畦面开穴种植　为提高土地利用率，增加产量，可每亩栽 4000～4500 株，一般每亩芍药根头可栽种 3～5 亩芍药，行株距要因地致宜，可适当合理密植。

四、田间管理

1. 除草　1～2 年生的幼苗，生长缓慢，且此阶段根纤细、入土浅，易滋生杂草，故要勤除草。第 3～4 年除草次数渐减少，每年 2～3 次，主要于春、夏季进行。

2. 追肥　自栽种第 2 年起，于每次除草后进行追肥，每年 3～4 次。进入生长旺季后，要加施有机肥；在根部生长旺季，要加施磷钾肥；冬季地上茎叶枯萎后，追施有机肥，即可增强肥力，又可保温。

3. 培土与灌溉　每年冬季要进行清园，同时要加施有机肥。每年冬季培土 1 次，以保证植株安全越冬；在开春后，把根际培土扒开，露出根的上半部，晒 1 周左右，再覆土盖严，使须根蔫死，促进主根生长。夏季天气炎热，适当培土防旱，并浇水灌溉。雨季要勤于清沟排水，防止水涝。

4. 摘蕾　除留种地外，其余地摘除全部花蕾，以减少养分的消耗，利于根的生长。

【病虫防治】

一、病害

1. 灰霉病　危害叶、茎、花等部位。染病叶片的叶尖部出现圆形、淡褐色病斑，继而出现灰色霉状物。

防治方法：发病初期喷施 1∶1∶100 的波尔多液，每 7～10 天喷 1 次，直到清除为止；冬季清洁田园，集中销毁残枝枯叶；多雨季节及时排水，改善田间通风条件；施加磷钾肥，以增强植株抗病能力。

2. 锈病　是由一种真菌引起的病害，主要危害叶片。叶片染病初在叶面形成圆形至纺锤形黄色肿斑，而后变肥大，内生锈色粉末状锈孢子，后又在表面生白色小斑，夏孢子圆形浅褐色，秋季在背面形成黑色粉状物，即冬孢子，严重的病部肥厚畸形，叶片枯萎脱落，以致全株枯死。通常于 5 月上旬开花后发病，7～8 月发病最为严重。

防治方法：清除种植地附近的松柏类植物，减少病菌的寄主；发病初期喷施甲基托布津 500 倍液或波美 0.3～0.4 度石硫合剂；冬季清洁田园，集中烧毁病残株。

3. 软腐病 主要危害种芽，一般发生于种芽堆藏期间和芍药加工过程中。

防治方法：种芽用波美 5 度石硫合剂喷洒消毒灭菌；在加工时注意防止霉烂。

4. 红斑病 危害植株叶片和绿色茎。

防治方法：增施有机肥和磷钾肥，以增强植株抗病能力；在芍药发芽后到开花前这段时间内，喷 65% 代森锰锌 500 倍液或 50% 甲基托布津 1000 倍液，间隔 10 天喷 1 次，连喷 2～3 次；清除病枝残叶。

5. 叶斑病 危害叶片，一般于夏秋季节发生。

防治方法：于发病初期喷施 800～1000 倍代森锰锌溶液或 1∶1∶100 的波尔多液，每隔 7～10 天喷 1 次，直到清除为止。

6. 褐斑病 主要危害叶片、叶柄和茎部，多于夏季发病。

防治方法：于发病初期用 65% 代森锰锌 500～600 倍液喷雾或 1∶1∶100 的波尔多液灭杀，每次用药间隔 7～10 天，持续至 9 月；加强田间的日常管理，及时排除田间积水，降低田间湿度，合理种植。

二、虫害

主要有扁刺蛾、线虫、蛴螬、地老虎、蝼蛄等。线虫系根结线虫，对芍药危害比较严重，且传播性强；蛴螬、地老虎、蝼蛄危害植株的根部，造成伤口，进而引发软腐病。扁刺蛾幼虫蚕食叶片。

防治方法：可选用 20% 氯虫苯甲酰胺 3000 倍液，或辛硫磷等在扁刺蛾幼虫发生期喷洒；蛴螬的盛发期为 7～8 月，可用 50% 辛硫磷颗粒剂与沙土或有机肥混合成毒饵，均匀撒施，然后深锄；地老虎、蝼蛄等可按照常规方法进行防治。

【采收加工】

一、采收

种子繁殖的赤芍，5 年后采收；茅头繁殖者，4 年采收。8 ~ 9 月为最佳采收期，此时地下根条肥壮、皮宽、粉足，有效成分积累得最多。选择晴天开挖，先割去地上部分，小心挖取全根，抖去泥土，切下芍药根加工，留下茅头作种用。

二、加工

除去地上部分及泥土，洗净摊开晾晒至半干，再捆成小捆，晒至足干。按粗细长短分开，捆成把即可。赤芍可以趁鲜切片，片形以圆片为宜，适当加厚，一般以 2 ~ 4mm 为宜，防止晾晒后开裂。

【贮藏】

置阴凉干燥处。

【药材形态】

本品呈圆柱形，稍弯曲，长 5 ~ 40cm，直径 0.5 ~ 3cm。表面棕褐色，粗糙，有纵沟和皱纹，并有须根痕和横长的皮孔样突起，有的外皮易脱落。质硬而脆，易折断，断面粉白色或粉红色，皮部窄，木部放射状纹理明显，有的有裂隙。气微香，味微苦、酸涩。

【成分含量】

本品含芍药苷（$C_{23}H_{28}O_{11}$）不得少于 1.8%。

【等级规格】

一等：干货。呈圆柱形，稍弯曲，外皮有纵沟或皱纹，皮较粗糙。表面暗棕色或紫褐色。体轻质脆。断面粉白色或粉红色，中间有放射状纹理，粉性足。气特异，味微苦酸。长 16cm 以上，两端粗细较匀。中部直径 1.2cm 以上。无疙瘩头、空心、须根、杂质、霉变。

二等：干货。呈圆柱形，稍弯曲，外皮有纵沟或皱纹，皮较粗糙。表面暗棕色或紫褐色。体轻质脆。断面粉白色或粉红色，中间有放射状纹理，粉性足。气特异，味微苦酸。长 15.9cm 以下，两端粗细较匀。中部直径 0.5cm 以上。无疙瘩头、空心、须根、杂质、霉变。

备注：赤芍规格系以内蒙古、河北、黑龙江产品制定的。

大青叶

【药用来源】

为十字花科植物菘蓝 *Isatis indigotica* Fort. 的干燥叶。

【识别要点】

二年生草本，高 40～90cm。无毛或稍有柔毛，茎直立，上部多分枝，稍带粉霜。叶互生，基生叶较大，矩圆状椭圆形，有柄；茎生叶矩圆形至矩圆状披针形，先端钝，基部箭形，半抱茎，全缘或有不明显锯齿。复总状花序生于枝端，萼片 4，绿色，花瓣 4，黄色。

短角果矩圆形，扁平，边缘有翅，紫色，无毛。种子 1 枚，椭圆形，褐色。花期 4～5 月，果期 5～6 月。

【适宜生境】

大青叶原植物菘蓝，在我国大部分地区均有种植。其适应性较强，喜温和、湿润气候，喜光，喜肥，耐寒，怕洪涝。对土壤要求不高，以土层深厚、肥沃、疏松的沙质壤土或壤土栽培为好，低洼积水地不宜种植。野生于湿润、肥沃的沟边或林缘。

【栽种技术】

一、生长习性

菘蓝种子在 15～30℃条件下即可萌发，在 20℃左右时，种子发芽最快、发芽率最高。种子发芽及出苗期间，田间最佳持水量为55%～65%。菘蓝属深根系植物，根系由主根、侧根、支根、根毛等部分组成，生长环境以土壤深厚松软，通气良好，水、肥适宜为佳，最利于根系生长。

二、繁育方法

主要是种子繁育。收获时选取根系粗壮、无病虫害的植株作为母根。按行距40cm×30cm，移栽到肥沃的留种地里培植。栽后及时浇水，加强管理。冬季需培土，施肥防寒。翌年4月幼苗返青后及时浇水、松土、除草。不可过量施氮肥，否则茎秆徒长细弱，遇风雨易倒伏，不利于种子的成熟。因此，要配合施用磷钾肥，待种子顺序成熟后，采收晒干脱粒，放置于通风干燥处贮存。

三、栽种方法

1. **播种期** 一般在5月初种植。

2. **播种方法** 多用条播法，每亩播种量为1.9～2.5kg。按沟深1.5～2cm、沟宽20～25cm规格开条沟，用水将种子浸后沥干，掺入细土，均匀播撒于沟内，后覆土1cm左右。也可做高平畦，高15～20cm、宽50cm，畦与畦之间留20cm宽的沟，以备灌水用，畦面按行距15cm开沟，沟深2～3cm，播种后盖平稍压，立即浇水，当水沿高畦两侧沟将畦面渗透湿润时即可。

四、田间管理

1. **间苗、定苗** 幼苗出土后拔取过密的幼苗，当菘蓝苗高6cm左右时，按株距4～6cm间苗；苗高10cm左右时按三角形定苗，株距10～15cm。间苗、定苗的准则是去弱留强、间密留稀。

2. **除草** 为使幼苗前期快速发育，待苗高5～6cm时要除草，保证田间无杂草。在菘蓝生长过程中，先后一共可收获叶（大青叶）2次，由于植株生长需肥量大，故除在播种时施足基肥外，还要在每次割叶后及时追肥1次，每亩追施氮磷钾复合肥25～30kg，撒入行间。此外，在每年8月中旬再追施1次氮磷钾复合肥25～30kg，以促进根部生长发育。

3. **灌溉排水** 生长前期宜干不宜湿，过湿不利于根部的下扎；生长后期可适当灌溉，以保持土壤湿润，促进根对养分的吸收。一般在每年5月下旬至6月上旬水、肥充足时，叶片最为茂盛。连续干旱的时候，可分别在早晚灌水，保证土壤湿度，切忌在阳光暴晒下进行。多雨季节或在多雨地区，要及时清沟排水，以防根部由于缺氧而腐烂。

4. 套种　为充分利用留种地内的土地，可套种蔬菜或其他药材，达到更高的经济效益。

【病虫防治】

一、病害

1. 黑斑病　一般于每年的5～10月发病。主要危害叶片。受害叶上会出现圆形或椭圆形、褐色至黑褐色的病斑。后期，病斑处会出现黑褐色的霉状物，严重时会使叶片卷缩，甚至使植株枯死。

防治方法：发病初期，喷洒50%代森锰锌600倍液、50%扑海因800倍液或1∶1∶100波尔多液等药剂进行治疗，根据实际病情，喷2～3次即可；收获后清园，加强日常管理，增施磷钾肥，以增强植株的抗病能力。

2. 菌核病　每年5～6月的高温多雨季节是菌核病的高发期，为害全株，茎部受害最严重。基部叶片首先发病，后逐渐扩散至根、茎、果实等部位。病斑呈水渍状，后变青褐色，最后叶子腐烂，只剩叶脉，受害部位布满白色菌丝，最后茎秆会破裂呈乱麻状。

防治方法：开沟排水，降低田间湿度；加强日常管理，增施磷钾肥，提高植株的抗病能力；轮作；发病期间可施用一定的石硫合剂或65%代森锌500～600倍液喷雾。

3. 霜霉病　4～10月发病，主要危害叶片。染病叶片初期，叶背出现白色或灰白色霉状物，叶面会产生黄白色病斑，严重时叶片枯黄，植株死亡。

防治方法：发病初期，喷洒25%甲霜灵600倍液、58%瑞毒霉锰锌600～800倍液等药剂3～4次，每次间隔时间为10天左右；选择地势高、较为干燥的地种植，低湿地做高畦栽培；入冬前清园，烧毁病残体；轮作；合理密植，施肥，增强植物抗病能力。

4. 灰斑病　该病高发期为7～8月，主要危害叶片。老叶先发病，自下而上蔓延。发病初期，叶片两面生出圆形的病斑，后期病斑处会变薄发脆、龟裂穿孔，若处于潮湿环境，叶片会生出褐色霉状物。严重时，多个病斑相互融合，出现叶片早枯等现象。

防治方法：于发病初期喷洒 50% 代森锰锌 700 倍液或 1∶1∶100 的波尔多液等，1～2 次即可；合理轮作、清园，烧毁病残体；要加强田间的日常管理，在封垄前要最少除草 2 次；雨后要及时开沟排水。

5. 白粉病 一般 5～6 月发病，主要危害叶片。

防治方法：用 70% 甲基托布津可湿性粉剂 1000 倍液或波美 0.2～0.3 度的石硫合剂进行防治。

二、虫害

1. 菜粉蝶 属粉蝶科，俗称菜青虫。为害最为严重的时期为每年 6 月。幼虫为害叶片，轻者造成孔洞、缺刻，重者全叶吃光，只留下叶脉。

防治方法：在幼虫三龄前用苦树皮 500g，加肥皂 30g、水 15kg，浸 24 小时，以浸出液喷施；或用杀螟杆菌或青虫菌（每克含活孢子数 100 亿以上的菌粉）1500 倍液，并按药量加适量的肥皂粉等黏合剂喷施；或将苦树皮研成细末，每 500g 加 1.5～2.5kg 土杂肥，于晨露未干时撒在叶上；或用 20% 氯虫苯甲酰胺 3000 倍液等喷雾。

2. 茄跳甲 在每年的 5 月上旬至 6 月下旬为害最严重。其幼虫主要为害根部，成虫则咬食叶片致使植物患早期凋萎病。

防治方法：合理安排套种品种，避免与十字花科蔬菜连作，播种前深翻晒地，改变生存环境。

3. 黑点银纹夜蛾 高发期是 5 月中下旬。避光和植株茂盛的田块最吸引夜蛾，虫数最多。其幼虫主要危害幼苗。

防治方法：用 2% 西维因粉剂喷施进行防治，每亩用量 2～2.5kg；用 20% 氯虫苯甲酰胺 3000 倍液等喷雾防治。

4. 甘蓝蚜 主要危害植株嫩梢。

防治方法：用 10% 吡虫啉 1000 倍液喷施防治。

【采收加工】

一、采收

一般一年可采收3次，多在生长旺盛季节采收。第1次在6月底采收胎叶（脚叶）。注意：只能摘去植株的茎部叶片（胎叶），以免影响植株的正常发育。第2次在8月下旬摘叶，可摘去大部分叶片，但需注意不要摘去顶叶顶芽，以便植株重新发叶。第3次应在寒露前后采收（可根据气候决定），采收时可齐地连茎秆一起割回，提高产量。

二、产地加工

将摘下的叶子晒干或烘干即可。

【贮藏】

置通风干燥处，防霉。

【药材形态】

本品多皱缩卷曲，有的破碎。完整叶片展平后呈长椭圆状至长圆状倒披针状，长5～20cm，宽2～6cm。上表面暗灰绿色，有的可见色较深稍突起的小点；先端钝，全缘或微波状，基部狭窄下延至叶柄呈翼状；叶柄长4～10cm，淡棕黄色。质脆。气微，味微酸、苦、涩。

【成分含量】

本品含靛玉红（$C_{16}H_{10}N_2O_2$）不得少于0.020%。

【等级规格】

规格：统货。叶片多皱缩状，呈暗灰绿色至棕黄色。质脆，易破碎。以叶完整、叶片灰绿色为佳。无杂质、虫蛀、霉变。

【传统炮制】

大青叶：拣去杂质及枯叶，洗净，稍润，切段，晒干。

丹参

【药用来源】

为唇形科（Labiatae）植物丹参 *Salvia miltiorrhiza* Bge. 的干燥根和根茎。

【识别要点】

多年生草本，高 30 ~ 80cm，全株密被柔毛。根呈圆柱形，有分枝，砖红色。茎方形，多分枝。奇数羽状复叶，小叶 3 ~ 7 对，顶端小叶较大，小叶呈卵形，边缘具锯齿。轮伞花序集呈多轮顶生或腋生的总状花序；花紫色，苞片披针形；花萼钟形，2 唇形，上唇全缘，下唇裂为 2 齿；花冠紫蓝色，冠檐 2 唇形，上唇先端微缺，下唇 3 裂，花冠筒内有毛环；能育雄蕊 2，生于下唇中下部。小坚果 4，黑色。花期 5 ~ 8 月，果期 8 ~ 9 月。

【适宜生境】

丹参喜气候温和、光照充足、土壤肥沃、空气湿润的环境，以土层深厚、排水良好、肥力充足的沙壤土最为适宜，过砂或过黏的土壤不宜种植。一般适宜生长在海拔 400 ~ 900m、年平均气温 8.5 ~ 9℃、≥ 10℃积温在 3400℃以上的地区。丹参怕涝，不宜在排水不良、地势低洼的土地上种植。土壤酸碱度适应性较广，以近中性或微酸性为好。

【栽种技术】

一、生长习性

丹参栽种期：北方为3月下旬至4月上旬，南方为1月下旬至2月中旬。生长期分两段，在9月之前主要是地上茎叶生长，9月之后生长重心逐渐转向根部，植株的有效物质积累量达峰值是在每年的11月中下旬，此时为最佳采收期，北方应提前采收。

二、繁育方法

丹参的主要繁殖方式为分根繁殖或育苗移栽。采收时，将用于繁殖的丹参留下，到栽种时，按行距30～40cm、株距25～30cm穴栽，随挖随栽。

三、栽种方法

1. 土地整理 选择疏松、肥沃、土层深厚、地势略高、排水良好的土地种植。山地种植应选择向阳的低山坡。在种植丹参前，需每亩施入约2000kg腐熟好的厩肥，然后深翻土壤30cm以上，在种植时再翻耙、碎土、平整、作畦。宜做成宽120cm的高畦，畦高30cm。每隔50m挖一条腰沟，保证排水畅通。

2. 播种

（1）分根繁殖：栽种时宜随挖随栽，选择直径0.5cm左右、粗壮色红、无病虫害的一年生侧根于4月直接栽种，也可在11月收获时栽种，栽种的侧根须截成4～6cm长的小段。按株行距30cm×45cm穴栽，穴深3～6cm，每穴栽1～2段，直立栽种，切忌倒栽。栽后随即覆土，厚度为3cm左右。分根种植要注意防冻，可在畦上覆盖一层稻草用于保暖。

（2）育苗移栽：在准备好的苗床上，将种子密植，浇透水，用薄膜覆盖，一般半月即可出苗，当苗高2～2.5cm时，逐渐将膜揭去，待苗高6cm时移栽定植于大田，株行距20cm×25cm。

四、田间管理

1. 补苗 每年的4～5月为幼苗的出土期，在此段时间内要进行查苗，若发现土壤板结、覆土较厚影响出苗时，要及时将土疏松、扒开，促进出苗。

若缺苗，要及时补苗。

2. 除草　丹参前期生长较慢，应及时松土除草。一般在封畦前要进行2~3次，可结合施肥进行，封畦后有杂草要及时拔掉。

3. 施肥　在施足基肥的情况下，一般可不追肥。若基肥不足结合除草还需要追肥3次。第1次在出苗后不久，每亩可追施沤熟的人粪尿500kg；第2次在5月上旬施促花肥，每亩可追施沤熟的人粪尿500kg；第3次在8月上旬施长根肥，每亩可追施沤熟的人粪尿600kg，并配合施磷钾肥，每亩施过磷酸钙20kg、硫酸钾10kg。

4. 灌溉排水　伏天及遇到持续秋旱时，可行沟灌或喷灌抗旱。沟灌应在早晚进行，并要速灌速排。出苗期及幼苗期如出现土壤干旱的情况，要及时浇水。

5. 摘蕾　除留种用的丹参外，从4月中旬开始要陆续将抽出的花序摘掉，保证养分更好地集中到根部。

6. 剪老秆　留种的丹参在剪收过种子以后，植株茎叶逐渐衰老或枯黄，不利于根部生长，应将老秆齐地剪掉。

【病虫防治】

一、病害

1. 根腐病　为真菌性病害，主要危害丹参根部。一般于4月下旬开始发病，发病盛期为5~6月，8月后逐渐减轻。发病初期，个别须根变褐腐烂，逐渐扩散至主根，之后全根发黑腐烂，直至全株死亡。

防治办法：选择健壮无病的种苗作种；发病初期，用50%多菌灵1000倍液浇灌，并及时拔除病株，用石灰对病穴进行消毒；选地势高的地块栽种，并及时排除积水；实行轮作。

2. 斑点病　主要危害叶片，常于5月初开始发生，可持续到秋末。叶片上的病斑呈现深褐色，近圆形或不规则，直径1~8mm，严重时逐渐融合呈大斑，叶片枯死。

防治办法：于发病初期喷50%多菌灵或托布津防治，并剥除基部发病的老叶；冬季清园，并烧毁病残株；实行轮作。

3. **菌核病**　这是一种真菌性疾病。病菌首先会侵害植物茎基部、芽头及根茎部，使这些部位逐渐腐烂，变成褐色，严重时植株枯萎死亡。常在发病部位及茎秆基部的内部、附近土面，发现白色菌丝体以及黑色鼠粪状的菌核。

防治办法：加强田间管理，及时清理沟道，防治田间积水；实行水旱轮作；用生石灰撒于病株茎基及周围土面。

二、虫害

根结线虫病　被寄生的丹参须根上形成许多瘤，导致植株矮小、叶片变黄，最后全株死亡，严重减产。

防治方法：建立无病留种田，不从有病区调入种根；实行水旱轮作，不重茬，切忌与花生等易感病作物轮作。

【采收加工】

一、采收

年底茎叶经霜枯萎至翌年早春返青前，是最适宜的采收期。一般丹参于栽种第 2 年的 11～12 月上旬收获。若过早收获，则根不充实，水分多，折干率低；若过迟收获，则植株会重新萌芽、返青，消耗养分，质量变差。采挖要选择晴天进行。整个根部挖起后，抖去泥土，放在地里露晒，待根部失去部分水分发软后，再除去根上附着的泥土，运回加工。忌水洗雨淋。

二、产地加工

从芦头剪下根条，然后将根摊开曝晒，晒至五成干变软时，用手捏顺成束，堆放 2～3 天，在摊开晾或晒到顶端老根透心时，用火燎去根条上的须根。趁热整齐地放入篓子内，轻轻摇动，即可除去须根及附着的泥灰。

【贮藏】

置干燥处。

【药材形态】

本品根茎短粗，顶端有时残留茎基。根数条，长圆柱形，略弯曲，有的分枝并具须状细根，长10～20cm，直径0.3～1cm。表面棕红色或暗棕红色，粗糙，具纵皱纹。老根外皮疏松，多显紫棕色，常呈鳞片状剥落。质硬而脆，断面疏松，有裂隙或略平整而致密。皮部棕红色，木部灰黄色或紫褐色。导管束黄白色，呈放射状排列。气微，味微苦涩。

栽培品较粗壮，直径0.5～1.5cm。表面红棕色，具纵皱纹，外皮紧贴不易剥落。质坚实，断面较平整，略呈角质样。

【成分含量】

本品含丹参酮Ⅱ$_A$（$C_{19}H_{18}O_3$）、隐丹参酮（$C_{19}H_{20}O_3$）和丹参酮Ⅰ（$C_{19}H_{12}O_3$）的总量不得少于0.25%，含丹酚酸B（$C_{36}H_{30}O_{16}$）不得少于3.0%。

【等级规格】

1. 丹参（野生）规格标准

统货：干货。呈圆柱形，条短粗，有分支，多扭曲。表面为红棕色或深浅不一的红黄色，皮粗糙，多呈鳞片状，易剥落。体轻而脆。断面红黄色或棕色，疏松有裂隙，显筋脉白点。气微，味甘微苦。无芦头、毛须、杂质、霉变。

2. 川丹参（家种）规格标准

一等：干货。呈圆柱形或长条形，偶有分支。表面紫红色或黄棕色，有纵皱纹。质坚实，皮细而肥壮。断面灰白色或黄棕色，无纤维。气弱，味甜微苦。多为整枝，头尾齐全，主根上中部直径在1cm以上。无芦茎、碎节、须根、杂质、虫蛀、霉变。

二等：干货。呈圆柱形或长条形，偶有分支。表面紫红色或黄红色，有纵皱纹。质坚实，皮细而肥壮。断面灰白色或黄棕色，无纤维。气弱，味甜微苦。主根上中部直径在1cm以下，但不得低于0.4cm。有单枝及撞断的碎节。无芦茎、须根、杂质、虫蛀、霉变。

备注：丹参野生者可按统货收购。近年野生变家种的增多，应参照家种川丹参的标准执行。

【传统炮制】

丹参：除去杂质和残茎，洗净，润透，切厚片，干燥。

酒丹参：取丹参片，照酒炙法炒干。

当归

【药用来源】

为伞形科植物当归 *Angelica sinensis*（Oliv.）Diels 的干燥根。

【识别要点】

多年生草本。茎带紫色，有纵直槽纹。叶为二至三回奇数羽状复叶，叶柄基部膨大成鞘，叶片卵形；小叶片呈卵形或卵状披针形，近顶端一对无柄，一至二回分裂，裂片边缘有缺刻。复伞形花序顶生，总苞无或有 2 片，伞幅 10～14；每一小伞形花序有花 12～36 朵，小总苞片 2～4；花白色。双悬果椭圆形，分果有 5 棱，侧棱有薄翅，每棱槽有 1 个油管，结合面 2 个油管。花期 6～7 月，果期 6～8 月。

【适宜生境】

适宜海拔 1500～3000m 的高寒山区。

【栽种技术】

一、生长习性

野生当归产于海拔 1500～3000m 的高寒山区，对温度的要求严格，喜凉爽气候，怕高温酷热，因此向低海拔引种时往往因夏季高温的影响而失败。

二、繁育方法

选定植后第 3 年开花结果的母株留种，于该年 8 月中下旬果实成熟时采收，以呈粉白色的种子为佳。切忌选用成熟过度或呈深红色的种子作种，且提前抽薹开花的植株所结的种子也不可以作种。种子应储存于阴凉干燥通风处，切忌暴晒。

三、栽种方法

1. 土地整理

（1）育苗地：宜选用四面环山、阴凉湿润、富含有机质、光照时间短的土地。若选熟地育苗，应于 5 月下旬进行多次深耕，要深达 25cm 以上，结合耕地施足基肥，每亩施入熟厩肥 2600～3000kg，均匀地撒于地面，随即浅翻使土肥混合均匀，拣出草根、石块，整理好后做畦。若选荒地育苗，应先砍除灌木以及杂草，三犁三耙，深达 30cm，打碎土块，拣出草根、石块等，耙平整细后做畦。当归育苗一般选用畦宽 1.2m、畦高约 25cm、畦沟宽 30cm 的带状高畦，育苗地四周开好排水沟，防止积水。

（2）移栽地：宜选土层肥厚、疏松肥沃、富含腐殖质、排水良好、凉爽、湿润的黑土地或生荒地，切勿选地势宽敞的向阳地。当归应与玉米、小麦、大麻、亚麻、油菜、烟草等作物轮作，忌连作。提前清理灌木以及杂草，随后深翻土地。栽种前，结合整地每亩施熟厩肥 4000～6000kg 或适量的过磷酸钙、复合肥，翻后耙平整细后，顺坡开沟做高畦或高垄，畦宽 1.2m、高 30cm，畦间距离 35cm 或垄宽 45cm、高 25cm 左右。

2. 播种

（1）种子处理：为使种子快速发芽，播种前用 30℃左右的温水对种子进行浸种处理，浸种 24 小时即可。

（2）育苗移植：在气温稍高的低海拔地区，于 8 月中下旬播种为宜；在气温较低的高海拔地区，于 7 月下旬播种为宜。在做好的畦面上开沟，沟深 3cm 左右，沟与沟相隔 20cm 左右，采用条播方法播种，将浸好晾干后的种子均匀撒入沟内，随即覆盖细土，最后在畦面上盖草，以保湿遮光。在播种过程中要把握好播种量，每亩用种量 4～4.5kg，尽量使长出的幼苗疏密适中。

（3）起苗贮藏：一般在每年 10 月中下旬，气温下降到 5℃左右时，苗叶地上叶片开始枯黄时，将其挖起贮藏，以便来年春季栽种。起苗时，随挖随将幼苗拔出，根系和芽要尽量完整，注意不要将土抖净，略带些土，把苗上叶子去掉，保留1cm长的叶柄，捆成5～6cm粗的小把，置于阴凉干燥处的生干土上晾。当幼苗根体开始变软，外皮稍干，叶柄萎缩后即可贮藏。

贮苗方法有3种：①冷冻贮苗：将需备贮的幼苗先行晾干，待苗体含水量降至55%～65%时，再装入特制竹筐中，加盖，外套特制塑料袋，然后将其置于可自动控温的冷藏室中，要求温度恒定在−10℃左右。存入或取出时都应逐步降温或升温，进行炼苗，防治冻伤苗根。②密闭贮苗：选用密闭的容器（如木桶、瓦缸等），将幼苗按一层土一层苗装入容器内，填满后压紧密封，使幼苗处于高度休眠的状态。③室内埋苗：选择地势高、不见阳光、干燥无水的房间，在地面上铺一层生干土，厚约5cm，然后将幼苗头尾交叉横摆一层，间距约1cm，后覆细土1～2cm。重复上述步骤，摆5～6层，最上层盖20cm的细土，四周围30cm厚黄土，最后形成一个梯形土堆，高约80cm。

（4）移栽：一般为春栽，以清明前后栽种为宜。移栽时要严格选苗，以根部完整、根顺、叉根少、粗3～5mm为宜。栽苗后立即浇足定根水，也可用清腐熟粪水定根，提高幼苗的成活率。

（5）穴栽：按行株距33cm×27cm挖穴，穴深约15cm。然后每穴按"品"字形排列栽入苗3株，边覆土边压紧，当覆土至半穴时，向上轻轻提一下种苗，有助于种苗根系的舒展，然后盖土至满穴，施入适量的土杂肥或火土灰，在种苗根处覆盖细土，没过根茎2～3cm即可。

（6）沟栽：横向开沟，沟距40cm、深15cm，按株距25cm栽种，根茎要低于畦面2cm，盖土2～3cm。

四、田间管理

1. 育苗地管理 苗床要始终保持湿润。一般于播种后15天左右出苗，待苗长至1～2cm时，选傍晚或阴天揭草。后搭高60cm左右的棚，用于遮阴，遮阴度要保持在全光照的1/3～1/2。育苗期间要勤除草，做到苗床无杂草，除草的同时进行间苗，除弱留强，保持株距1cm左右。育苗后期可施速效氮肥，亦可用腐熟粪水或碳酸铵进行追肥。

2. 种植地管理

（1）定苗、补苗：选用带土的中、小苗，于阴天或傍晚移栽，栽后及时灌溉。

（2）除草：出苗初期杂草生长迅速，要及时除草松土，促进根部发育。从出苗到封畦，应分期除草 3～4 次。除草的原则是“中间深，两头浅”，即秧苗幼小和立秋后都不宜深锄。

（3）追肥：当归生长前期不宜施过多的氮肥，氮肥含量过高会使当归抽薹开花。在叶生长旺盛期和根增长期适当追肥，时间分别为 6 月下旬和 8 月上旬，这是两个需肥的高峰期。生长前期可施 1 次腐熟粪水，每亩 1800～2500kg 即可；待生长中后期时，每亩可施厩肥 1500kg、饼肥 50kg、过磷酸钙 30kg。

（4）排灌水：当归生长的环境较为湿润，在天旱时及时进行适量灌溉，有利于高产；雨水过多则要注意开沟排水，特别是在当归生长的后期，田间切忌有积水，否则会引起根腐病，进而烂根，造成减产。

（5）培土：当归生长到中后期（8 月以后），根系开始发育，生长迅速，此时培土可促进归身的发育，提高产量。

（6）打老叶：当归封畦后，基部老叶因光照不足继而发黄，要及时摘除。

（7）及时拔薹：早期抽薹的植株，其根部会木质化，进而失去药用价值而不能入药，所以要及时全部拔除，减少对地力的消耗。

【病虫防治】

一、病害

1. 褐斑病　该病为半知菌亚门壳针孢属真菌引起，高温多湿条件易发病，主要危害叶片，一般于每年 5 月下旬开始发病，7～8 月最为严重，10 月后逐渐消失。发病初期，叶面出现褐色斑点，后中心变为灰白色，边缘红褐色。发病后期，病斑内生出小黑点。随着病情的加重，叶片逐渐变为红褐色，最终逐渐枯死。

防治方法：发病初期要及时对病叶进行清除，集中焚烧处理，同时喷施

1∶1∶150 波尔多液，或 50% 甲基托布津 800～1000 倍液，或 65% 的代森锌 500 倍液进行灭杀，每次间隔 10 天左右，连续 3～4 次即可。

2. 根腐病 该病为半知菌亚门镰刀菌属真菌引起。主要危害根部。发病植株的根部组织变为褐色，而后腐烂变成黑色水浸状。地上茎叶变褐至枯黄，变软下垂，最终死亡。此病一般于每年 5 月初发病，6 月为发病的高发期，可一直持续至收获。

防治方法：育苗期用托布津、多菌灵按种子重量的 0.3%～0.5% 拌种；选用无病种、健壮秧苗移栽，移栽前用 1∶1∶150 波尔多液浸泡 10～15 分钟，待晾干后栽植；移栽前，用 200 倍 65% 代森锌对土壤进行消毒；及时清理病株，集中焚烧，用石灰粉对病穴进行消毒，并用 50% 托布津 750～1000 倍液或 50% 退菌特 500～1000 倍液对病区进行全面喷洒，以防病情蔓延；选择透水性强、排水良好的沙质壤土作栽培地；忌连作。

3. 麻口病 为真菌性病害，主要危害根部。每年 4 月中旬、6 月中旬、9 月上旬、11 月上旬为高发期。在植株发病时，根部表皮出现黄褐色纵裂，形成醒目的伤斑。

防治方法：应优先选择黑土地、生荒地进行种植；用药剂对种苗以及土壤进行处理；加强田间管理，及时发现病株，清除集中焚烧；对当归根部进行适当保护，减少创伤，防治微生物的入侵；用 600g 托布津或 250g 的 50% 多菌灵加水 150kg 混匀，在 5 月上旬、6 月中旬各灌根 1 次，每株灌稀释液 50g。

4. 白粉病 主要于夏季高温干燥时发生，主要危害叶片。发病初期，叶面上生出面粉状的灰白色病斑，后期病斑扩大，并长出黑色小颗粒，随病情发展，叶片逐渐布满白粉，逐渐死亡。

防治方法：栽种前，用 500 倍甲醇溶液对种子做浸泡或闷种处理，浸泡 5 分钟或 2 小时即可，晾干后播种；加强田间管理，及时发现病株，并及时清除集中焚烧；发病初期，用 65% 的代森锌 500 倍液或 50% 的甲基托布津 1000 倍液喷洒，每次间隔 10 天连续 3～4 次即可灭杀；实行轮作。

二、虫害

1. **桃粉蚜** 又称桃大尾蚜，一般于每年3月开始，5月为桃粉蚜的爆发期。成虫主要危害当归新梢和嫩叶，造成植株矮小。桃粉蚜于叶背吸食汁液，新梢和嫩叶由于汁液的缺失而逐渐卷曲皱缩，直至枯萎死亡。

防治方法：用10%的吡虫啉可湿性粉剂2500～3000倍液，5～7天喷施1次，连续喷施2～3次。

2. **地老虎、蝼蛄、金针虫、蛴螬** 主要以幼虫为害根茎。

防治方法：黑光灯诱杀；用50%辛硫磷乳油拌成毒饵诱杀。

3. **种蝇** 主要以幼虫为害根茎。幼虫蛀食萌动的种子或幼苗的地下组织，蛀空根部并导致腐烂，严重时导致植株死亡。

防治方法：幼虫开始为害时，用50%辛硫磷1000倍液灌根；成虫羽化期将糖、醋、酒、水、敌百虫晶体按3∶3∶1∶10∶5比例配成溶液，每150～200m^2放1盒，保持盒内药液不干，诱杀蝇类成虫。

【采收加工】

一、采收

育苗移栽后当年或直播繁殖后的第2年10月中下旬采收。甘肃在秋末采挖，云南在立冬前后采挖。采挖时，先将地上部分茎叶割去，让太阳曝晒3～5天，既便于采挖，又有利于物质的积累和转化，使根部更加饱满充实。

二、产地加工

摊开在干燥通风处，晾晒至水分稍蒸发、根变软时捆成小把，置于棚顶上，先以湿木、湿蚕豆秆或湿草作燃料，用其猛火的烟雾烘上色，切忌明火。2～10天后，待表皮呈现金黄色或淡褐色时，再以文火熏干，需翻棚以使色泽均匀，全部干度达70%～80%时，即可停火，待其自干后下棚。不宜阴干或太阳晒，否则品质低。

【贮藏】

置阴凉干燥处，防潮，防蛀。

【药材形态】

本品略呈圆柱形，下部有枝根 3 ~ 5 条或更多，长 15 ~ 25cm。表面浅棕色或棕褐色，具纵皱纹和横长皮孔样突起。根头（归头）直径 1.5 ~ 4cm，具环纹，上端圆钝，或具数个明显突起的根茎痕，有紫色或黄绿色的茎和叶鞘的残基；主根（归身）表面凹凸不平；支根（归尾）直径 0.3 ~ 1cm，上粗下细，多扭曲，有少数须根痕。质柔韧，断面黄白色或淡黄棕色。皮部厚，有裂隙和多数棕色点状分泌腔，木部色较淡，形成层环黄棕色。有浓郁的香气，味甘、辛，微苦。柴性大、干枯无油或断面呈绿褐色者不可供药用。

【成分含量】

本品含挥发油不得少于 0.4%（ml/g），含阿魏酸（$C_{10}H_{10}O_4$）不得少于 0.050%。

【等级规格】

当归商品药材以质地油润、茬口粉白、主根粗壮、归腿肥大者为佳。柴性大、干枯无油或断面呈绿褐色者不可供药用。

1. 全当归规格标准

特等：干货。上部主根圆柱形（说明：与《中国药典》规定不符），下部有多条支根，根梢不细于 0.2cm。表面棕黄色或黄褐色。断面黄白色或淡黄色，具油性。气芳香，味甘微苦。每千克 20 支以内。无须根、杂质、虫蛀、霉变。

一等：干货。上部主根圆柱形，下部有多条支根，根梢不细于 0.2cm。表面棕黄色或黄褐色。断面黄白色或淡黄色，具油性。气芳香，味甘微苦。每千克 40 支以内。无须根、杂质、虫蛀、霉变。

二等：干货。上部主根圆柱形，下部有多条支根，根梢不细于 0.2cm。表面棕黄色或黄褐色。断面黄白色或淡黄色，具油性。气芳香，味甘微苦。每千克 70 支以内。无须根、杂质、虫蛀、霉变。

三等：干货。上部主根圆柱形，下部有多条支根，根梢不细于 0.2cm。表面棕黄色或黄褐色。断面黄白色或淡黄色，具油性。气芳香，味甘微苦。每千克 110 支以内。无须根、杂质、虫蛀、霉变。

四等：干货。上部主根圆柱形，下部有多条支根，根梢不细于 0.2cm。表面棕黄色或黄褐色。断面黄白色或淡黄色，具油性。气芳香，味甘微苦。每每千克 110 支以外。无须根、杂质、虫蛀、霉变。

五等（常行归）：干货。凡不符合以上分等的小货，全归占 30%，腿渣占 70%，具油性者。无须根、杂质、虫蛀、霉变。

2. 归头规格标准

特等：干货。纯主根，呈长圆形或拳状，表面棕黄色或黄褐色。断面黄白色或淡黄色，具油性。气芳香，味甘微苦。每千克 20 支以内。无油个、枯干、杂质、虫蛀、霉变。

一等：干货。纯主根，呈长圆形或拳状，表面棕黄色或黄褐色。断面黄白色或淡黄色，具油性。气芳香，味甘微苦。每千克 40 支以内。无油个、枯干、杂质、虫蛀、霉变。

二等：干货。纯主根，呈长圆形或拳状，表面棕黄色或黄褐色。断面黄白色或淡黄色，具油性。气芳香，味甘微苦。每千克 80 支以内。无油个、枯干、杂质、虫蛀、霉变。

备注：全归特等、一等至四等内，包装、运输的自然压断腿不超过 16%。全归及归头不得使用硫黄熏蒸。

【传统炮制】

当归：除去杂质，洗净，润透，切薄片，晒干或低温干燥。

酒当归：取净当归片，照酒炙法炒干。

党参

【药用来源】

为桔梗科植物党参 *Codonopsis pilosula*（Franch.）Nannf.、素花党参 C.*pilosula* Nannf.var.*modesta*（Nannf.）L.T.Shen 或川党参 C.*tangshen* Oliv. 的干燥根。

【识别要点】

党参：多年生草质藤本。全株断面具白色乳汁，并有特殊臭味。根长圆柱形，少分枝，肉质，表面灰黄色至棕色，上端部分有细密环纹，下部则疏生横长皮孔皮。根头膨大，具多数瘤状茎痕，习称“狮子盘头”。茎细长多分枝，幼嫩部分有细白毛。叶互生，对生或假轮生，叶片卵形或广卵形，基部近心形，两面有毛，全缘或浅波状。花单生，腋生；花萼 5 裂，绿色，花冠钟状，5 裂，黄绿色带紫斑。蒴果圆锥形种子多数，细小椭圆形，棕褐色，具光泽。花期 8 ~ 10 月，果期 9 ~ 10 月。

素花党参：与党参的区别为叶片长成时近于光滑无毛，花萼裂片较小。

川党参：茎叶近无毛，或仅叶片上部边缘生长柔毛，茎下部叶基部楔形或圆钝，稀心脏形；花萼仅贴生于子房最下部，子房下位。

【适宜生境】

喜温和、凉爽气候，怕热，耐寒。宜生长在土层深厚、富含腐殖质、疏松、排水良好的沙壤土中。在盐碱地、涝洼地或黏性较大的土壤中生长不良。

党参对光照要求比较严格，幼苗喜阴，成株喜光。对水分要求不甚严格，年降水量达到 800～1000mm、相对湿度 70%～75% 的条件下即可生长。

【栽种技术】

一、生长习性

植株一般在 3 月左右出苗，幼苗开始进入生长期。6 月初至 10 月初，植株进入快速生长期，7～9 月部分植株可开花结籽，但是秕籽率比较高。10 月中下旬，地上部分枯萎开始进入休眠期。植株根的基本生长情况：第 1 年以伸长生长为主，第 2 年开始到第 7 年以增粗生长为主，特别是第 2 年开始到第 5 年根的加粗生长最快，党参种子以当年成熟采收最优，新产种子发芽率高，一般可达 75% 左右，隔年种子发芽率偏低。

二、繁育方法

党参播种可选择种子直播或育苗移栽。选择健壮植株留种，种子成熟采收后，将茎蔓割下晒干，把种子抖出，装入布袋，贮藏于通风干燥处。

种子处理：为提高党参种子发芽率，缩短出苗期，需要对党参种子进行处理。播种前可用 45℃温水浸种，当水温降至不烫手时再浸种 5 分钟，然后将种子装入纱布袋，用水冲洗数次，置 15～20℃沙堆上面进行催芽，保持纱布袋湿润，5 天左右种子开口时即可播种。

三、栽种方法

1. 选地、土地整理 党参根系较深，对土壤要求比较高，宜选土质疏松、向阳、土层肥沃深厚、排水良好的沙壤土，或者灌溉方便的河滩地等。所选田地的海拔不宜过高，以海拔 2000m 以下为宜。

根据不同地块的特点确定土地整理方案：平原地区可在前茬作物收获后翻犁 1 次，播前需要再翻耕 1 次，每亩适当施入腐熟堆肥、厩肥 1800～2000kg，整平耙细做畦。山区在 8 月左右由坡下向上深翻 1 次，每亩施厩肥、堆肥 2200～2500kg，深耕 25cm 以上，整平耙细做畦。畦宽 120cm，深 16～20cm，也可做成宽 30cm 左右的小垄或宽 60cm 左右的大垄，地周边开好排水沟。

2. 种植方法

（1）播种期：播种可分别选择在春季、夏季或秋季进行，但以春播为佳。春播可在化冻后进行，春播宜尽早，如果播种得太晚，进入伏天时苗太小，很容易被太阳晒死。在海拔较低和纬度较低地区，由于气温较高，春播可提前在 2 月。夏播多选择在 5 ~ 6 月雨季时进行，夏季气温高，要做好幼苗期的遮阴与防旱，防止党参苗由于日晒或干旱而死亡。秋播应在 11 月下旬土层上冻前为宜，秋播当年不出苗，次年清明前后出苗。秋播不宜过早，太早则种子会发芽出苗，小苗越冬困难。

（2）播种方法：条播或撒播。条播便于日常管理，一般多采用此方法。①条播：按行距 30cm 开深约 5cm 浅沟，然后将种子和细土拌匀，均匀播于沟内，播幅 12cm 左右，盖一层薄土，压实，使表土和种子紧密结合，每亩用种量大约 2kg。②撒播：将种子与细土或者草木灰拌匀后，均匀地撒在苗床上，盖上一层薄土，以盖住种子为宜，每亩用种量大约 2.5kg。如果土地肥沃，可适当加大播种量。处理过的浸种种子需特别注意防旱，如果种子已经萌动，遇到干旱会造成种子死亡。一般防旱的常用方法是用玉米秆、麦草、谷草或塑料薄膜等覆盖。干旱地区春播应选择在雨后进行，在有条件灌溉的地方，需要提前在厢面上浇透水，然后播种。

（3）起苗、移栽定植：海拔较低的平原地区或山区，育苗 1 年后可收参苗；高海拔山区需要育苗 2 年才可收参苗。起苗时要注意从侧面挖掘，防止伤害根系，影响质量。起苗时边刨边拾，集中挑选挖起的苗子，以苗细长者为佳，可去掉病残参苗，将参苗分档，便于定植。

移栽分为春栽与秋栽。春栽在芽胞萌动前移栽，即 3 月底至 4 月初；秋季移栽在 10 月底。春栽尽早，秋栽宜迟，以秋栽为好。移栽最好在阴天或早晚时分，应随起苗随移栽，防止幼苗干枯。移栽时，开行距 30cm、深 21 ~ 25cm 的沟，山坡地可以顺坡开沟，以株距 10cm 左右定植；垄栽时小垄栽单行，大垄栽双行。移栽的时候，将参条顺沟放入，抬起根头，伸直根梢，覆土在 5cm 左右为宜。参苗斜放，这样种植品质优且产量高。每亩如栽大苗在 16000 株左右，栽小苗每亩在 20000 株左右。

四、田间管理

1. 苗圃管理 植株苗期为管理关键期。

（1）遮阴：植株幼苗细弱，怕旱、怕阳光直射，喜湿润，喜阴。因此必须进行遮阴。常用的遮阴方法如下。

①盖草遮阴：4 月上旬天气变热时，用谷草、玉米秆、苇帘、麦糠、麦草等覆盖厢面，防止日晒，保持湿度。开始时全遮阴，等到参苗发芽出土后，透光率需达到 15% 左右。苗高 10cm 时慢慢揭去覆盖物，注意不要 1 次揭完，以免幼苗被烈日晒死。苗高 15cm 左右时，可在阴天或傍晚揭完所有覆盖物。

②塑料薄膜遮阴：春播后，开始搭塑料棚，苗出齐后慢慢放风，待长至 3 片左右真叶时，把塑料薄膜掀去，白天选择用草帘子覆盖遮阴。

（2）除草、松土：育苗地要做到经常除杂草，撒播地见草就拔。苗高 6cm 左右时注意按行距 3cm 进行适当间苗，分次除去过密或纤弱苗。松土时宜浅，尽量避免伤根。除草最好选择在早晨或傍晚、阴天进行。

（3）浇水、排水：在幼苗期可根据土质、地区等自然条件适当浇水，浇水时不应用大水去灌，以免冲断参苗。出苗期和幼苗期时，要保持畦面潮湿，以利于出苗。参苗长大后适当少灌水，苗期适当保持干旱，以利于参根的伸长生长。雨季时要注意排水，防止烂根烂秧，造成参苗死亡。

2. 大田管理

（1）除草、松土：封行之前勤除杂草、勤松土，为了防止芦头露出地面还要注意培土。松土宜浅，以防损伤参根，封行后可以不再松土。第 1 年移栽后除草 3 ~ 4 次，第 2 年之后每年早春出苗后除草 1 次。

（2）追肥：移栽成活后，每年 5 月初苗高约 30cm 时，结合培土追肥 1 次，每亩施肥 1200 ~ 1500kg；或者结合初次除草松土，每亩施氮肥 15kg 左右；结合第 2 次松土，每亩施骨粉 15kg 或磷酸钙 25kg；冬季大约每亩施腐熟厩肥 1500kg 左右。施用锌、铁、钼、锰等微量元素肥均有一定的增产作用，其中锌肥能改善和提高植株内在质量，钼肥对产量影响最大，锌、钼肥配合施用增效显著，可在党参生产中推广应用。微量元素肥料的施用应配合其他元素肥料施用，以充分发挥增产效果。

（3）灌溉排水：每年出苗前和苗期要保持畦面湿润，同时保持地表疏松。苗高超过15cm时一般不需要浇水。雨季时注意排水，以防烂根。

（4）搭架扶蔓：为了利于植株的通风透光，提高参苗的光合作用，减少病虫害，参苗高28～30cm时要搭架，让茎蔓攀援。可在行间插入树枝或者竹子，两行合拢扎紧，呈"人"字形棚架。

（5）搭棚遮阴：在我国南方高温地区，植株在一年四季生长均很好，但夏季由于雨水多、气温高，地上部分容易枯萎，病虫害较重。为了让其顺利越夏，可选用搭棚遮阴的方法。

（6）疏花：植株开花较多时，除留种株以外应及时疏花，防止养分被过多消耗，以利于根部生长。疏花大概可以提高产量35%～45%，且收获的植株根部质量好。

【病虫防治】

一、病害

1. 根腐病　一般在6月左右发生，受害的主要位置是根部。发病初期，下部的侧枝或须根最先出现暗褐色病斑，接着变黑腐烂，病害扩展到主根时，主根自下而上呈水渍状腐烂。地上部分叶片逐渐变黄枯死。

防治方法：选用无病、健壮的参苗，发病期发现病株马上用50%甲基托布津1∶1500倍液或25%多菌灵1∶500倍液灌根，以防止病害蔓延，也可用石灰消毒。

2. 锈病　8月左右发生。主要危害叶、茎、花托等部位。发病初期，叶面开始出现浅黄色病斑，后扩大，中心呈褐色或淡褐色，周围有黄色晕圈。患病部叶背略隆起，呈现黄褐色斑，后期表皮出现破裂，并出现锈黄色的粉末。严重者叶片枯黄萎死。

防治方法：选育良好的抗病品种，高畦种植，实行轮作，注意排水；发病初期用25%粉锈宁1000倍液，或50%托布津800倍液进行喷雾处理。

二、虫害

1. 蚜虫　主要危害嫩梢。造成叶片发黄，花果干瘪或脱离，对产量影响大。

防治方法：用10%的吡虫啉可湿性粉剂2500～3000倍液喷施，每隔2～3天喷1次，连续3次。

2. 蛴螬 幼虫危害叶柄基部，严重时幼苗被成片咬断。

防治方法：用50%辛硫磷1000倍液浇注或者人工捕杀。

3. 红蜘蛛 主要危害叶、花、果实。成虫或者幼虫群集于叶背，拉丝结网并吸食汁液，使叶片逐渐变黄、枯萎脱落。果盘和果实受害开始出现萎缩、干瘪。

防治方法：用20%螨死净可湿性粉剂2000倍液或15%哒螨灵乳油2000倍液喷施防治。

【采收加工】

一、采收

以种植后3～4年采收为好。山西及全国各地引种栽培者，多采用育苗第1年移栽第2年采收的方法，即从播种到收获仅需2年的时间。秋季地上部分完全枯死后采收的药材粉性充足、折干率高，质量好。采收时要选择晴天。采收时先除去支架、割掉参蔓，再在畦的一边用镢头开深约30cm的沟，小心刨挖出参根。较大的根条运回加工；细小的参根可作移栽材料，集中栽培于大田里让其再长1～2年。

二、产地加工

将挖出的党参剪去藤蔓，抖去泥土，用水洗净，按大小粗细分为老、大、中条，分别晾晒至三四成干后，在沸水中略烫，再晒或烘（烘干只能用微火，温度以60℃左右为宜）至表皮略起润发软时（绕指而不断），将党参一把一把地顺握放木板上，用手搓揉。如参梢太干可先放水中浸一下再搓，搓后再晒，反复3～4次，直至晒干。搓揉的目的是使根条顺直，干燥均匀。注意：搓的次数不宜过多，用力也不宜过大，否则会变成油条，影响质量。每次搓过，应置室外摊晒，以防霉变，晒至八九成干后即可收藏。

【贮藏】

置通风干燥处，防蛀。

【药材形态】

本品呈长圆柱形，稍弯曲，长 10 ~ 35cm，直径 0.4 ~ 2cm。表面灰黄色、黄棕色至灰棕色，根头部有多数疣状突起的茎痕及芽，每个茎痕的顶端呈凹下的圆点状。根头下有致密的环状横纹，向下渐稀疏，有的达全长的一半，栽培品环状横纹少或无。全体有纵皱纹和散在的横长皮孔样突起，支根断落处常有黑褐色的胶状物。质稍软、稍硬或略带韧性。断面稍平坦，有裂隙或放射状纹理。皮部淡棕黄色至黄棕色，木部淡黄色至黄色。有特殊香气，味微甘。

【成分含量】

本品用 45% 乙醇作溶剂，浸出物不得少于 55.0%。

【等级规格】

1. 白条党　来源于桔梗科植物党参的干燥根。

一等：干货。呈圆锥形，头大尾小，少有分枝。“狮子盘头”明显，根头茎痕较少或无，条较长。上端有横纹或无，下端有纵皱纹，表面米黄色或黄白色，皮孔散在，不明显；断面木质部浅黄色，韧皮部灰白色，形成层明显，有裂隙或放射状纹理。有糖质，味甜。芦下直径 0.8cm 以上。无油条、杂质、虫蛀、霉变。

二等：干货。呈圆锥形，头大尾小，少有分枝。“狮子盘头”明显，根头茎痕较少或无，条较长。上端有横纹或无，下端有纵皱纹，表面米黄色或黄白色，皮孔散在，不明显；断面木质部浅黄色，韧皮部灰白色，形成层明显，有裂隙或放射状纹理。有糖质，味甜。芦下直径多在 0.6 ~ 0.8cm 以上。无油条、杂质、虫蛀、霉变。

三等：干货。呈圆锥形，头大尾小，少有分枝。“狮子盘头”明显，根头茎痕较少或无，条较长。上端有横纹或无，下端有纵皱纹，表面米黄色或黄白色，皮孔散在，不明显；断面木质部浅黄色，韧皮部灰白色，形成层明显，有裂隙或放射状纹理。有糖质，味甜。芦下直径多在0.6cm以下，油条不超过10%。无杂质、虫蛀、霉变。

2. 潞党 来源于桔梗科植物党参的干燥根。

一等：干货。呈圆柱形，有分枝。“狮子盘头”较小，根头茎痕较少，上端稀有横纹或无，下端有不规则浅纵皱纹，表面灰黄色或黄棕色，皮孔散在，不明显；体结而柔，断面木质部浅黄色，韧皮部灰白色，形成层明显，稀有裂隙或无，有放射状纹理。有糖质，味甜。芦下直径0.9cm以上。无油条、杂质、虫蛀、霉变。

二等：干货。呈圆柱形，有分枝；“狮子盘头”较小，根头茎痕较少，上端稀有横纹或无，下端有不规则浅纵皱纹，表面灰黄色或黄棕色，皮孔散在，不明显；体结而柔，断面木质部浅黄色，韧皮部灰白色，形成层明显，稀有裂隙或无，有放射状纹理。有糖质，味甜。芦下直径0.6～0.9cm或以上。无油条、杂质、虫蛀、霉变。

三等：干货。呈圆柱形，有分枝。“狮子盘头”较小，根头茎痕较少，上端稀有横纹或无，下端有不规则浅纵皱纹，表面灰黄色或黄棕色，皮孔散在，不明显；体结而柔，断面木质部浅黄色，韧皮部灰白色，形成层明显，稀有裂隙或无，有放射状纹理。有糖质，味甜。芦下直径0.6cm以下，油条不超过10%。无杂质、虫蛀、霉变。

3. 西党（纹党） 来源于桔梗科植物素花党参的干燥根。

一等：干货。呈圆锥形，头大尾小，少有分枝。“狮子盘头”较大，根头无茎痕，条较长。上端有密集横纹，长达全参1/3处，下端有不规则的纵皱纹。表面米黄色，皮孔散在，不明显。质地稍硬或略带韧性。断面木质部浅黄色，韧皮部灰白色，形成层明显，断面有裂隙，有放射状纹理。有糖质，味甜。芦下直径1.3cm以上。无油条、杂质、虫蛀、霉变。

二等：干货。呈圆锥形，头大尾小，少有分枝。“狮子盘头”较大，根头无茎痕，条较长。上端有密集横纹，长达全参1/3处，下端有不规则的纵皱纹。表面米黄色，皮孔散在，不明显。质地稍硬或略带韧性。断面木质部浅黄色，韧皮部灰白色，形成层明显，断面有裂隙，有放射状纹理。有糖质，味甜。芦下直径1.0～1.3cm或以上。无油条、杂质、虫蛀、霉变。

三等：干货。呈圆锥形，头大尾小，少有分枝。“狮子盘头”较大，根头无茎痕，条较长。上端有密集横纹，长达全参1/3处，下端有不规则的纵皱纹。表面米黄色，皮孔散在，不明显。质地稍硬或略带韧性。断面木质部浅黄色，韧皮部灰白色，形成层明显，断面有裂隙，有放射状纹理。有糖质，味甜。芦下直径0.6～1.0cm，油条不超过15%。无杂质、虫蛀、霉变。

4. 条党（板党） 来源于桔梗科植物川党参的干燥根。

一等：干货。呈圆锥形，有分枝。“狮子盘头”较小，根头茎痕不明显，上端稀有横纹或无，下端有不规则浅纵皱纹，表面灰黄色或黄棕色，皮孔散在，疣状突起，明显。质地结实。断面木质部浅黄色，韧皮部灰白色，形成层明显，稀有裂隙或无，有放射状纹理。有糖质，味甜。芦下直径1.0cm以上。无油条、杂质、虫蛀、霉变。

二等：干货。呈圆锥形，有分枝。“狮子盘头”较小，根头茎痕不明显，上端稀有横纹或无，下端有不规则浅纵皱纹，表面灰黄色或黄棕色，皮孔散在，疣状突起，明显。质地结实。断面木质部浅黄色，韧皮部灰白色，形成层明显，稀有裂隙或无，有放射状纹理。有糖质，味甜。芦下直径0.7～1.0cm以上。无油条、杂质、虫蛀、霉变。

三等：干货。呈圆锥形，有分枝。“狮子盘头”较小，根头茎痕不明显，上端稀有横纹或无，下端有不规则浅纵皱纹，表面灰黄色或黄棕色，皮孔散在，疣状突起，明显。质地结实。断面木质部浅黄色，韧皮部灰白色，形成层明显，稀有裂隙或无，有放射状纹理。有糖质，味甜。芦下直径0.7cm以下。油条不超过10%，无杂质、虫蛀、霉变。

备注：

党参产区多，质量差别较大，现分为4个规格，在《七十六种药材商品规格标准》基础上增加“白条党”，剔除白党，因白党为非法定品种。东党商品药材没有规模，也没有收载。各地产品，符合某种质量，即按该品种标准分等。

西党：即甘肃、陕西及四川西北部所产。过去称纹党、晶党。原植物为素花党参 *Codonopsis pilosula Nannf.var.modesta*（Nannf.）L.T.Shen。

东党：即东北三省所产者。其原植物为党参 *Codonopsis pilosula*（Franch）Nannf.。

潞党：即山西产及各地所引种者。其原植物为党参 *Codonopsis pilosula*（Franch）Nannf.。

白条党：即甘肃引种者。其原植物为党参 *Codonopsis pilosula*（Franch）Nannf.。

条党：即四川、湖北、陕西三省接壤地带所产，原名单枝党、八仙党。形多条状，故名条党，其原植物为川党参 *Codonopsis.Tangshen* Oliv.。

【传统炮制】

党参片：除去杂质，洗净，润透，切厚片，干燥。

米炒党参：取党参片，照炒法用米拌炒至表面深黄色，取出，筛去米，放凉。每 100kg 党参片，用米 20kg。

地 黄

【药用来源】

为玄参科植物地黄 *Rehmannia glutinosa* Libosch. 的新鲜或干燥块根。

【识别要点】

多年生草本植物，高可达 30cm，全株密被灰白色长柔毛及腺毛。根茎肉质，鲜时黄色，在栽培条件下，茎紫红色。直径可达 5.5cm，叶多基生，莲座状，叶片卵形至长椭圆形，叶脉在上面凹陷，花在茎顶部略排列成总状花序，花萼钟状，5 裂；花冠筒状微弯曲，外紫红色，内黄色有紫斑；雄蕊 4，2 强，着生于花冠筒的近基部；雌蕊 1，子房上位，2 室。药室矩圆形，蒴果卵圆形，种子多数，花果期 4 ~ 7 月。

【适宜生境】

常生于海拔 200 ~ 1000m 的荒山坡、路旁、山脚、墙边、地边等处，通常为土层疏松肥沃、排水良好的微碱性或中性砂质土壤。喜光，耐寒，喜干燥，忌积水。

【栽种技术】

一、生长习性

地黄的生长发育分 4 个阶段：幼苗生长阶段、抽薹开花阶段、丛叶繁茂阶段和枯萎采收阶段。

1. 幼苗生长阶段　地黄萌动发芽的适宜温度为18～20℃，栽种后10天左右出苗。如温度达不到12℃，块根不仅不能萌芽，而且容易腐烂，故应选择早春后地温稳定超过12℃时栽种为宜。

2. 抽薹开花阶段　地黄出苗以后，20天左右能抽薹开花。开花的数量、早晚与气候、栽培部位、品种等因素有关。为控制地黄的抽薹开花，栽培时应适时播种，并创造好的生态环境。开花后及早摘除花蕾，减少营养物质的过多消耗。

3. 丛叶繁茂阶段　7～8月光照充足，地温大多数在25～35℃之间，地黄的地上部位生长旺盛，地下的块根也迅速膨大伸延，为增产的关键时期。

4. 枯萎收获阶段　9月底，地黄进入生长后期，生长速度减慢，其地上部分出现心部叶片开始枯死的"炼顶"现象，叶片里的营养物质向块根转移，10月初生长基本停滞。

二、繁育方法

地黄繁育一般采用根茎繁殖和育苗移栽两种方式。

在比较寒冷的地区，地黄在秋天采收后用地窖储藏，来年春天选取无病虫害、粗细均匀的块茎，取中间部位折成7cm左右长的小段，要求每段有2～3个芽眼，稍风干后可栽种使用。

在比较温暖的地区，收获地黄后，选优质的留在地里，用作第2年栽种。春栽地黄需先进行育苗，在7月末挖出，分切成1cm长的小段，按株行距13cm×25cm栽种。栽后加强日常管理，第2年春天刨出种栽，最好随挖随栽。

三、栽种方法

1. 选地整理土地　选地势空旷、光照充足、向阳平整、肥沃疏松、排水良好的沙壤土，收获前茬作物后，上冻前深翻土地35cm左右。次年春天种植前，每亩施农家肥1000kg，然后再次翻耕，平整土地做宽150cm左右的畦。地势低、多雨地区应做25cm左右的高畦，以利于排水。前茬作物以禾本科作物为宜，忌与十字花科、葫芦科、茄科、豆科作物连作。

2. 移栽方法

北方4月栽春地黄或旱地黄，5月底至6月初栽晚地黄，南方早春栽植，开沟深15cm左右，在沟内浇水。当大部分种子生芽时，填平垄沟，做成平畦，覆膜保持地温和水分。如果惊蛰至春分期间栽种，按行距45cm在整好的畦面上开深8～10cm、宽11cm左右的沟，24～28cm株距，错开放入根茎后盖平畦面。

3. 间套作　地黄苗期较长，可在畦埂上适当间作一些矮小的早熟作物。

四、田间管理

地黄在出苗后至封垄前可除草2～3次，初次除草要特别小心，避免伤害幼苗，中耕深度4cm以内，结合除草，追加施肥2次，以农家肥为主，每亩1000kg左右，初次应在苗高8cm左右时追施，第2次在苗高20cm左右时，开沟施于行间。

灌水排水：春季栽种时，天旱必须浇水。栽种后初次可多浇水，以后保持一定的水量即可。地黄既怕旱又怕涝，所以雨季注意排水，防止烂根。

【病虫防治】

一、病害

1. 斑枯病　为半知菌（真菌）感染，主要危害地黄叶片。主要表现为叶面上有黄褐色斑、圆形不规则，伴有小黑点。

防治办法：发病初期可喷1：1：150的波尔多液，10天左右喷1次，连续3～5次；或者用60%代森锌500倍液，10天左右喷1次，连续3～5次；将病叶烧毁，做好排水工作。

2. 枯萎病　为半知菌（真菌）感染，主要危害地黄叶片。初期主要表现：叶柄出现水浸状褐色斑，叶柄逐渐腐烂，地上部分下垂枯萎。

防治办法：开设排水沟；3～4年左右轮作1次；初期发病用50%退菌特1200～1500倍液或用50%多菌灵800～1000倍液浇灌，8～10天浇灌1次，连续3次左右。

3. 黄斑病　由蚜虫或者叶蝉带病毒感染，叶面出现黄白色近圆形斑块，叶脉有隆起、皱缩、凹凸不平。

防治办法：重点防治蚜虫，用10%的吡虫啉可湿性粉剂2500～3000倍液喷施。

二、虫害

红蜘蛛 红蜘蛛的幼虫和成虫在叶背面吸食汁液，使被害处出现黄白色小斑，至叶片褐色干枯。

防治办法：用20%螨死净可湿性粉剂2000倍液或15%哒螨灵乳油2000倍液喷施防治，并清除枯枝落叶。

【采收加工】

一、采收

种植当年，寒露至立冬时，地上茎叶枯黄且带斑点时采挖。先割去茎叶，在畦的一端开深35～40cm的沟，小心采挖。

二、产地加工

去除茎叶、须根、泥土，忌水洗，大小分开，置火炕上，先微火烘烤3天，待大部分生地黄发汗后可加大火。第1～3天，每天翻1次，以后每天翻2～3次，一直到生地黄发软，内部没有硬核、颜色变黑，外皮变硬时取出，即为生地黄。将生地黄切成小块或片状，干燥，再进行蒸晒，即为熟地黄。

【贮藏】

鲜地黄埋在沙土中，防冻；生地黄置通风干燥处，防霉，防蛀；熟地黄置通风干燥处。

【药材形态】

鲜地黄：本品呈纺锤形或条状，长8～24cm，直径2～9cm。外皮薄，表面浅红黄色，具弯曲的纵皱纹、芽痕、横长的皮孔样突起及不规则的疤痕。肉质，易断。断面皮部淡黄白色，可见橘红色的油点，木部黄白色，导管呈放射状排列。气微，味微甜、微苦。

生地黄：本品多呈不规则的团块或长圆形，中间膨大，两端稍细，有的细小，长条状，稍扁而扭曲，长6～12cm，直径2～6cm。表面棕黑色或棕灰色，极皱缩，具不规则的横曲纹。体重。质较软而韧，不易折断。断面棕黑色或乌黑色，有光泽，具黏性。气微，味微甜。

【成分含量】

本品含梓醇（$C_{15}H_{22}O_{10}$）不得少于0.20%，含毛蕊花糖苷（$C_{29}H_{36}O_{15}$）不得少于0.020%。

【等级规格】

地黄：本品为玄参科植物地黄的干燥块根。

一等：干货。呈纺锤形或条形圆根。体重，质柔润。表面灰白色或灰褐色。断面黑褐色或黄褐色，具有油性。味微甜。每千克16支以内。无芦头、老母、生心、焦枯、杂质、虫蛀、霉变。

二等：干货。呈纺锤形或条形圆根。体重，质柔润。表面灰白色或灰褐色。断面黑褐色或黄褐色，具有油性。味微甜。每千克32支以内。无芦头、老母、生心、焦枯、杂质、虫蛀、霉变。

三等：干货。呈纺锤形或条形圆根。体重，质柔润。表面灰白色或灰褐色。断面黑褐色或黄褐色，具有油性。味微甜。每千克60支以内。无芦头、老母、生心、焦枯、杂质、虫蛀、霉变。

四等：干货。呈纺锤形或条形圆根。体重，质柔润。表面灰白色或灰褐色。断面黑褐色或黄褐色，具有油性。味微甜。每千克100支以内。无芦头、老母、生心、焦枯、杂质、虫蛀、霉变。

五等：干货。呈纺锤形或条形圆根。质柔润。表面灰白色或灰褐色。断面黑褐色或黄褐色，具油性。味微甜。但油性少，支根瘦小。每千克100支以外，最小货直径1cm以上。无芦头、老母、生心、焦枯、杂质、虫蛀、霉变。

备注：①保持原形即可，不必加工搓圆。②野生生地如与栽培生地质量相同者，可同样按其大小分等。

【传统炮制】

生地黄：除去杂质，洗净，闷润，切厚片，干燥。

熟地黄：

（1）取生地黄，照酒炖法炖至酒吸尽，取出，晾晒至外皮黏液稍干时，切厚片或块，干燥，即得。每 100kg 生地黄用黄酒 30 ~ 50kg。

（2）取生地黄，照蒸法蒸至黑润，取出，晒至约八成干时，切厚片或块，干燥，即得。

地 榆

【药用来源】

本品为蔷薇科植物地榆 ***Sanguisorba officinalis*** L. 或长叶地榆 ***Sanguisorba officinalis*** L.var.*longifolia*（Bert.）Y ü et Li 的干燥根。后者习称“绵地榆”。

【识别要点】

地榆：多年生草本。根茎粗壮，着生多数暗棕色肥厚的根。茎直立，有细棱。单数羽状复叶，基生叶具长柄，有小叶 4～9 对，小叶片有短柄，卵圆形或长圆状卵形，边缘有具芒尖的粗锯齿，两面绿色，无毛；小叶柄基部常有小托叶；托叶抱茎，镰刀状，有齿。花小，紫红色，密集成近球形或短圆柱形的穗状花序；每小花有膜质苞片 2；萼片 4，宿存；无花瓣；雄蕊 4，花药黑紫色；子房上位。果实包藏在宿存萼筒内，外面有斗棱，瘦果暗棕色，被细毛。花、果期 6～9 月。

长叶地榆：与上种的区别为根富纤维性，折断面呈细毛状，基生小叶线状长圆形至线状披针形，茎生叶与基生叶相似，但较细长。穗状花序圆柱形。花果期 8～11 月。

【适宜生境】

喜温暖湿润气候，不怕干旱，在夏季生长速度较快，一般耐寒。大多生长于谷地、山坡、草丛以及林缘或林内。适应性很强，喜光、抗寒、耐旱。除严寒的冬季外，其余季节均可长出新叶。在贫瘠、干旱的土壤中生长更旺盛。

【栽种技术】

一、生长习性

喜温暖湿润气候、耐寒，所以如在北方栽培幼龄植株，冬季不需要覆盖防寒物。生长期为4～11月，以七八月左右生长最快。在富含腐殖质的壤土、黏壤土及沙壤土中生长较好。种子发芽率在55%左右，如温度达到18～21℃时，约7天左右即可出苗。当年播种的幼苗仅出现叶簇，一般不开花结子。翌年7月左右开花，9月中下旬种子成熟。

二、繁育方法

主要用种子繁殖和分根繁殖。

1. 种子繁殖 分春季播种和秋季播种2种。春播多在4月左右播种，秋播多在8月中下旬。条播可按行距45cm开浅沟，将种子均匀地撒入沟内，覆土1cm左右即可。如遇土壤干燥需进行浇水，约15天左右出苗。如在早春干旱地区，亦可采用育苗移栽的方法。

2. 分根繁殖 早春母株萌芽前，需将上年的根全部挖出，然后分成3～4株不等，分别移栽。按株距25cm、行距40cm进行穴播，每穴1株。

三、栽种方法

1. 土地 选择土层深厚、疏松肥沃、排水良好的土地。

2. 播种

（1）播种繁殖：春播或秋播均可，北方露地栽培，春季至夏末均可直播。如果田间土地贫瘠，宜多施基肥，一般施肥量为每亩2600kg，深耕25～30cm，耙细整平后按畦宽135～150cm做畦播种。条播或穴播均可。条播时，按行距40cm开深3cm左右的沟，将种子均匀撒入沟内，覆土，稍加镇压，再浇水。穴播时，株距25cm开浅穴，每穴约放3粒种子，覆土1cm。出苗前要保持土壤湿润，约15天出苗。每亩播种量在3kg左右。

（2）分根繁殖：在春季地榆萌芽前或秋季采挖地榆时，将粗根切下入药，用带芽、茎的小根作种苗，每株可分成3～4小株左右进行穴植，按株距

25cm 挖穴、行距 40cm 左右，每穴栽 1 株，穴深视种苗大小而定，栽后覆土，浇足定根水。

四、田间管理

1. 间苗定苗　直播苗在幼苗高 6cm 左右时，按株距 10cm 间苗。苗高 15cm 左右时，按株距 25cm 左右定苗。

2. 除草　幼苗期可结合间苗进行松土、除草，为防止倒伏，松土后可在根部进行培土壅根。

3. 灌溉　地榆生长环境粗放，但若长期干旱，会使植株提前抽薹开花，趋向野生植株。所以为取得产量高、品质好的产品，需要经常灌溉，使土壤一直保持见干见湿状态。

4. 施肥　生长期间要多次少量施用氮肥，尤其是在每次采割后宜增施肥料，做到勤施、少施。

【病虫防治】

一、病害

1. 根腐病　地榆在作药用栽培大规模种植时，有时会出现根腐病。发病时，根中下部出现黄褐色锈斑，之后逐渐干枯腐烂，最终导致植株枯死。

防治方法：开始发现病株，应及时拔除和烧掉，并全面喷撒 50% 退菌特 1000 倍液，15 天喷 1 次，共喷 4 次左右。

2. 白粉病　春季开始发生。

防治方法：合理密植，田间通风透光，避免田间湿度过高，勤除杂草。

二、虫害

主要有金龟子，危害期间用 50% 辛硫磷乳油 1000 倍浇灌防治幼虫。

【采收加工】

一、采收

种子繁殖的生长期为 2 ~ 3 年，分株繁殖的生长期为 1 年。春、秋两季均可采收，除去残茎、须根及泥土，晒干。或趁鲜切片晒干。

【贮藏】

置通风干燥处，防蛀。

【药材形态】

1. **地榆** 本品呈不规则纺锤形或圆柱形，稍弯曲，长 5～25cm，直径 0.5～2cm。表面灰褐色至暗棕色，粗糙，有纵纹。质硬，断面较平坦，粉红色或淡黄色，木部略呈放射状排列。气微，味微苦涩。

2. **绵地榆** 本品呈长圆柱形，稍弯曲，着生于短粗的根茎上，表面红棕色或棕紫色，有细纵纹。质坚韧，断面黄棕色或红棕色，皮部有多数黄白色或黄棕色绵状纤维。气微，味微苦涩。

【成分含量】

本品含鞣质不得少于 8.0%，含没食子酸（$C_7H_6O_5$）不得少于 1.0%。

【等级规格】

1. **地榆** 统货。本品呈不规则纺锤形或圆柱形，稍弯曲，长 5～25cm，直径 0.5～2cm。表面灰褐色至暗棕色，粗糙，有纵纹。质硬，断面较平坦，粉红色或淡黄色，木部略呈放射状排列。气微，味微苦涩。

2. **绵地榆** 统货。本品呈长圆柱形，稍弯曲，着生于短粗的根茎上，表面红棕色或棕紫色，有细纵纹。质坚韧，断面黄棕色或红棕色，皮部有多数黄白色或黄棕色绵状纤维。气微，味微苦涩。无杂质、虫蛀、霉变。

【传统炮制】

地榆：除去杂质；未切片者，洗净，除去残茎，闷透，切厚片，干燥。

地榆炭：取净地榆片，照炒炭法炒至表面焦黑色、内部棕褐色。

防风

【药用来源】

为伞形科植物防风 *Saposhnikovia divaricata*（Turcz.）Schischk. 的干燥根。药材习称“关防风”。

【识别要点】

多年生草本，高达 80cm，茎基密生褐色纤维状的叶柄残基。茎单生，二歧分枝。基生叶有长柄，二至三回羽裂，裂片楔形，有 3～4 缺刻，具扩展叶鞘。复伞形花序，总苞缺如，或少有 1 片；花小，白色。双悬果椭圆状卵形，分果有 5 棱，棱槽间，有油管 1，结合面有油管 2，幼果有海绵质瘤状突起。花期 8～9 月，果期 9～10 月。

【适宜生境】

防风一般生于向阳山坡及草原，耐干旱、耐寒、怕水涝。适宜于在地势高、夏季凉爽的地方种植。对土壤要求通常不高，宜在含石灰质的壤土中栽培或排水良好的沙质壤土中栽培。不宜在盐碱地和黏性土壤中栽培。

【栽种技术】

一、生长习性

防风为多年生草本植物，种子在春季播种后 20 天左右出苗，秋播后翌年春天出苗。

二、繁育方法

通常选无病虫害、生长旺盛的二年生植株留种，对留种植株增施磷肥，以促进开花以及结实饱满。待种子成熟后割下茎枝，将种子搓下后晾干放阴凉处保存。也可以在收获时选取粗0.7cm以上的根条作种根，边收边栽，或者在原地栽植，等第2年春移栽定植用。

防风的种子易萌发，在15～25℃时均可萌发，新鲜种子的发芽率可达55%以上，但贮藏1年以上的种子发芽率会显著降低，故生产上应用新鲜种子为好。

三、栽种方法

1. 土地整理 防风是深根性植物，主根可长达60cm左右，应选排水良好、地势高的沙壤土种植，黏性土地种植的防风质量较差。土地整理时需施足基肥，每亩用厩肥3600～4000kg及复合肥15～20kg，深耕细耙。北方可做宽1.5m左右的平畦，南方多雨地区可做成宽1.3m、沟深25cm的高畦。

2. 播种 繁殖方式以种子繁殖为主，亦可进行分根繁殖。

（1）种子繁殖：在春、秋季都可播种。春播，长江流域在4月左右，华北地区在4月上中旬；秋播，长江流域在10月左右，华北地区在地冻前播种，第2年春天出苗。春播需将种子在温水中浸泡1天左右，使其充分吸水以利于发芽。在整好的畦上按行距35cm开沟条播，沟深2cm，将种子均匀播入沟内，覆土盖平，稍加镇压，盖草浇水，保持土壤湿润，播种后25天左右即可出苗。每亩用种子2kg。

（2）分根繁殖：在早春或收获时，取粗0.7cm以上的根条将其截成3cm长的小段作种。按株行距15cm×50cm、穴深7cm左右栽种，每穴1根段，顺栽插入，栽后覆土3～5cm，每亩用种量约50kg。

四、田间管理

1. 间苗定苗 种子繁殖时要进行间苗，苗高5cm时，按株距7cm间苗；苗高10～13cm时，按13～16cm株距定苗。

2. 除草、培土 6月前需进行多次除草，以保持田间清洁。在植株封行时，先摘除老叶，后培土壅根，以防倒伏；入冬时结合清理场地，再次培土以利于根部越冬。幼苗期杂草生长较快，应见草即除，以便幼苗生长。

3. 追肥 每年6月上旬或8月下旬需各追肥1次，用复合肥、堆肥或人粪开沟施于行间。

4. 摘薹 2年以上的植株，在6～7月抽薹开花时，除留种外，发现花薹时都要及时对其进行摘除。

5. 排灌 在栽种或播种后到出苗前应保持土壤湿润。防风抗旱力强，大多不需浇灌，雨季应注意及时排水，以防因积水而烂根。

【病虫防治】

一、病害

白粉病 夏秋季多发，危害叶片。

防治方法：注意通风透光；施磷钾肥，促进植株健壮生长；发病时用50%托布津900～1000倍液喷雾进行防治。

二、虫害

1. 黄翅茴香螟 花蕾开花时出现，危害花蕾及果实。

防治方法：在早晨或傍晚用BT乳剂300倍液喷雾，或25%溴氰菊酯乳油3000倍液喷雾防治，每5～10天喷1次，连续喷2～3次。

2. 黄凤蝶 5月开始危害植株，幼虫咬食叶、花蕾。

防治方法：在幼龄期喷20%氯虫苯甲酰胺3000倍液等喷雾防治；人工捕杀。

【采收加工】

一般在种植第2年10月下旬至11月中旬，或春季萌芽前采收。春天分根繁殖的防风，在水肥充足、生长茂盛的条件下当年可采收。防风根部入土较深，根脆易断，收时应从沟的一端开深沟，按顺序采挖。除去残留茎叶和泥土，晒至半干时去掉须根，再晒至八九成干时按根的粗细长短分级，捆成约1kg的小捆，继续晒干或烘干。

【贮藏】

置阴凉干燥处，防蛀。

【药材形态】

本品呈长圆锤形或长圆柱形，下部渐细，有的略弯曲，长15～30cm，直径0.5～2cm。表面灰棕色或棕褐色，粗糙，有纵皱纹。多数横长的皮孔样突起及点状的细根痕，根头部有明显密集的环纹，有的环纹上残存棕褐色毛状叶基。体轻，质松，易折断，断面不平坦，皮部棕黄色至棕色，有裂隙，木部黄色。气特异，味微甘。

【成分含量】

本品含升麻素苷（$C_{22}H_{28}O_{11}$）和5–O–甲基维斯阿米醇苷（$C_{22}H_{28}O_{10}$）的总量不得少于0.24%。

【等级规格】

防风：本品为伞形科植物防风的干燥根。

一等：干货。根呈圆柱形。表面有皱纹，顶端带有毛须。外皮黄褐色或灰黄色。质松，较柔软。断面棕黄色或黄白色，中间淡黄色。味微甜。根长15cm以上。芦下直径0.6cm以上。无杂质、虫蛀、霉变。

二等：干货。根呈圆柱形，偶有分枝。表面有皱纹，顶端带有毛须。外皮黄褐色或灰黄色。质松，较柔软。断面棕黄色或黄白色，中间淡黄色。味微甜。芦下直径0.4cm以上。无杂质、虫蛀、霉变。

备注：①抽薹、根空者不收。②有习惯购、销的竹叶防风、松叶防风、水防风等，可由产区自订规格标准。

【传统炮制】

防风：除去杂质，洗净，润透，切厚片，干燥。

甘草

【药用来源】

为豆科植物甘草 *Glycyrhiza uralensis* Fisch.、胀果甘草 *G. inflata* Bat. 或光果甘草 *G.* glabra L. 的干燥根和根茎。

【识别要点】

甘草：为多年生草本，高 30～80cm，最高可达 1m。根茎多横走，主根甚长，外皮红棕色。茎直立，有白色短毛和刺毛状腺体。奇数羽状复叶；小叶 7～17，卵形或宽卵形，两面有短毛及腺体。总状花序腋生，花密集；花萼钟状，萼齿 5，外被短毛或刺毛状腺体；花冠淡紫堇色；雄蕊 10，9 枚基部联合；子房无柄。荚果扁平，呈镰刀状或环状弯曲，外面密生刺毛状腺体。花期 6～7 月，果期 7～9 月。

胀果甘草：常密被淡黄褐色鳞片状腺体，无腺毛；小叶 3～7，卵形至矩圆形，边缘波状；总状花序常与叶等长；荚果短小而直，膨胀，无腺毛；种子数目较少；花期 7～8 月。

光果甘草：果实扁而直，多为长圆形，无毛；种子数目较少；花期 6～8 月。

【适宜生境】

广泛分布于温带干旱、半干旱地区，暖温带、寒温带大陆性季风气候区内。在北纬 37°～47° 、东经 73°～125° 范围内均有分布。喜干燥、凉爽气候。耐旱、耐寒、喜光。甘草原野生于草原的钙质土上，是抗盐性强的植物。其根入地深，能吸收地下水，适应寒冷和干旱的环境条件，能耐 -30℃左右的低温，同时在夏季炎热的荒漠、半荒漠地带生长良好，也有耐高温的能力。甘草是强喜光植物，如光照不足会造成茎长而细、叶片变薄，长期遮光会导致死亡。

甘草对土壤适应性较强，适合生长于各种类型的钙质土壤上，尤其喜生于沙壤土和砂土，在黏性土壤上生长差。土壤含盐量 0.2%、pH 8.0 是最适条件。

【栽种技术】

一、生长习性

每年的春季 3～4 月植株开始发芽，6～8 月开花结实，8～10 月种子成熟。

二、繁育方法

甘草的繁育方法有 3 种，分别是种子繁殖、根茎繁殖和分株繁殖。

1. 种子繁殖 宜在四五月，气温 25～30℃时播种。甘草种子种皮坚硬，播种前要对种子进行处理，种子的处理方法有高温浸种法、砂磨浸种法和发酵法 3 种。

（1）高温浸种法：将种子放入 100℃的开水中浸泡，水的用量为种子量的 2 倍，放入种子后搅拌至自然冷却，再继续浸泡 6～8 小时，将种子用清水冲洗后即可进行播种。

（2）砂磨浸种法：将种子与 1/3 倍的细沙拌匀后放入容器内研磨 5 分钟，磨至种子表面有划痕、表面失去光泽时去净细沙，然后在 60℃的温水中浸泡 6～8 小时，捞出后用清水洗净即可进行播种。

（3）发酵法：在播种前 1 个月进行发酵处理，即按 1 份种子 20 份新鲜马粪的比例混合均匀，加入适量水使其达到能手捏成团、松开即散的状态即可，然后堆在向阳处。再盖 10cm 厚的马粪，然后覆塑料膜，约 7 天后撤去薄膜，并减少加盖的马粪，掺些水再继续堆积。一般经 30～40 天的发酵，种子失去光泽后可进行播种。此法播种时带施种肥，发芽率高，安全可靠。

2. 根茎繁殖 植株的横走茎较为发达，其节上的腋芽长出地面后，会发育成新的植株，植株地下部分可生出新根，新根不断加粗伸长发育成新的粗大根系。选择长 1cm 左右的根茎，切成长 20cm 左右的段，每段应有 3～5 个不定芽。然后穴栽或条栽即可。栽种时间为每年 4 月上旬或 10 月下旬。

3. 分株繁殖 在春季或秋季时挖出老株旁长出的新株，对其进行移栽即可。

三、栽种方法

1. 土地

（1）选地：通常选择土质疏松、土壤肥沃、土层深厚、排水良好、地下水位较低（1.5～2.0m）、微碱性的砂质土。地下水位高、涝洼地、土壤黏重和偏酸性地区不适合种植甘草。

（2）土地整理：深耕 50cm 左右，每亩施腐熟厩肥 2700kg 左右或 15kg 磷酸二铵作底肥。耕翻后整平耙细，而在降水量较多的地区，宜做成高 20cm、宽 1.1m、垄距 65cm 左右的高畦。

2. 栽培

（1）种子育苗栽培

①播种：播种时间以春季较好，无浇水条件的地区最好在 7～8 月雨季播种。按行距 45cm 左右，播种深度 2.5cm 左右进行条播，播后进行适当镇压。直播的播种量要根据甘草的生长期来定：若 2 年收获，则播种密度应较大，一般每亩播种量在 4kg 左右；若 3～4 年收获，则播种密度不宜过大，一般每亩播种量为 1～1.5kg。

②育苗移栽：4 月中旬日平均气温稳定在 5℃以上时播种。按行距 26～30cm，播种深度 2～3cm 进行条播，播后进行适当镇压。每亩播种量在 13kg 左右。育苗移栽一般会在第 2 年春季进行，移栽时按行距 40～50cm，挖 25～30cm 深的沟，将甘草倾斜 30°～45° 放入沟中，再覆土镇压，这样有利于根茎的采收挖掘和生长发育。

（2）根茎育苗栽培：栽种期春季以 4 月上旬、秋季以 10 月下旬为宜。多采用穴栽或条栽，株行距 25cm×45cm，深度 16cm。干旱地块和盐渍化荒地，深度可达到 20cm。播后适当压实。

（3）分体育苗栽培：在春秋季时挖出老株旁长出的新株，再按照育苗移栽的方式另行移栽。

四、田间管理

1. 间苗定苗 播种当年苗长出 2～3 片真叶时即可进行间苗，拔除病苗、弱苗、变异苗，当年苗按株距 10～15cm 进行定苗。

2. 除草 除草一般在出苗的当年进行，尤其在幼苗期要做到及时除草，而从第 2 年起甘草根开始分蘖，杂草很难与其竞争，不再需要除草。

3. 施肥 播种前要施足底肥，以厩肥为好。播种当年可在早春追施磷肥，在冬季封冻前每亩可追施有机肥 2000～2400kg。甘草根的根瘤有固氮作用，一般不施氮肥。

4. 灌水 出苗前后要始终保持土壤湿润。具体灌溉应视土壤类型和其盐碱度而定，砂性无盐碱或微盐碱土壤，播种后即可灌水；若土壤黏重或盐碱较重，应在播种前浇水，抢墒播种，播后不灌水，以免土壤板结和盐碱度上升。植株长成后可以不再浇水。

【病虫防治】

一、病害

1. 锈病 是栽培甘草的主要病害，主要危害叶片。春季幼苗出土后即在叶背后生出圆形、灰白色的小疱斑，发病后期整株叶片布满粉堆。病株显矮小，丛生，死亡率均高于 95%。

防治方法：发病初期可用 25% 粉锈宁 1500 倍液喷施。

2. 褐斑病 一般在 7～8 月发生，是甘草生长后期常见的叶部病害。受害叶片出现圆形或不规则形的病斑，病斑边缘褐色，中央灰褐色，在病斑的正反面均有灰黑色霉状物。

防治方法：在发病初期喷 1∶1∶150 波尔多液或 70% 甲基托布津 1500～2000 倍液；而发病期喷施 65% 代森锌 500 倍液或 50% 多菌灵 500 倍液。

3. 白粉病 主要危害叶片。染病叶片正反面均产生白粉，后期叶黄甚至枯死。

防治方法：喷波美 0.2～0.3 度石硫合剂。

二、虫害

1. 宁夏胭珠蚧 是一种刺吸式害虫，危害甘草的根部。甘草各产区均有分布。5～6 月受害状不明显，6 月下旬后可见受害株下部叶片枯黄，7 月中旬后达到受害状高峰期，受害严重的植株根茎腐烂，死亡植株顶部呈青枯状。

防治方法：虫害盛期可用 2.5% 溴氰菊酯乳油 3000 倍液喷雾，无风的中午前后是最佳的施药时间；4 月中旬前后，可用 50% 锌硫磷根施，每亩 0.5kg，一般可在雨前或雨后进行开沟、施药、覆土；在株体尚未成熟前的 6～7 月挖甘草，株体会因脱离寄主而死亡，可以减轻翌年虫害的发生量。

2. 跗粗角萤叶甲 甘草的主要害虫，危害甘草地上部分。严重时仅剩叶脉和茎秆，造成植株细弱甚至死亡。

防治方法：在 5～6 月发现害虫较大密度出现时，可用 2.5% 溴氰菊酯乳油 2000 倍液喷雾；越冬前清园，降低害虫的越冬成活率。

3. 叶蝉 甘草各产区均有分布，其中长江以南发生最为严重。8 月为害最严重。成虫和幼虫为害叶片。为害初期，叶片正面出现黄白色小点，之后叶片失绿或呈淡黄色，叶背可见虫蜕。严重时全叶苍白甚至提早落叶。

防治方法：用 2.5% 的溴氰菊脂乳油 2000 倍液喷雾防治；还可以用草蛉、瓢虫等天敌进行防治。

4. 短毛草象 为取食甘草茎叶的一种害虫。5～9 月均可为害，导致叶片残缺而影响产量。

防治方法：甘草生产田地避免靠近林带；选用 2.5% 溴氰菊酯乳油 2000 倍液喷雾防治。

5. 甘草豆象 成虫取食甘草叶，幼虫主要为害贮藏的甘草种子。

防治方法：在结荚期用 2.5% 的溴氰菊脂乳油 2000 倍液喷雾防治。

【采收加工】

一、采收

根茎及分株繁殖的甘草可第3年采收，育苗移栽种植2年的甘草也可采收。现在生产中一般采用育苗移栽2年采收的方法。在地多人少的地区，直播甘草以3～4年生采收为宜。春、秋两季均可采挖，春季由清明至夏至采收；秋季由白露至立冬采收。传统认为宜春季采收。因各地的气候、土壤条件差异很大，采收期也不尽相同。采挖时应顺着根系生长的方向深挖，尽量不刨断、不伤根，简便方法是先刨出25cm，然后用力拔出。

二、产地加工

采收后除去残茎、须根，按规格要求切成段，晾至半干，然后按个根的大小、粗细分等级，捆成小捆，继续晒至全干。有的将外表栓皮剥去，商品称“粉草”。为便于加工成形，提高成品甘草的质量和等级，要做到随挖随加工。

【贮藏】

贮于干燥通风处，防蛀。

【药材形态】

1. **甘草**　本品呈圆柱形，长25～100cm，直径0.6～3.5cm。外皮松紧不一。表面红棕色或灰棕色，具显著的纵皱纹、沟纹、皮孔及稀疏的细根痕。质坚实，断面略显纤维性，黄白色，粉性，形成层环明显，射线放射状，有的有裂隙。根茎呈圆柱形，表面有芽痕，断面中部有髓。气微，味甜而特殊。

2. **胀果甘草**　本品根和根茎木质粗壮，有的分枝，外皮粗糙，多呈灰棕色或灰褐色。质坚硬，木质纤维多，粉性小。根茎不定芽多而粗大。

3. **光果甘草**　本品根和根茎质地较坚实，有的分枝，外皮不粗糙，多呈灰棕色，皮孔细而不明显。

【成分含量】

本品含甘草苷（$C_{21}H_{22}O_9$）不得少于 0.50%，含甘草酸（$C_{12}H_{62}O_{16}$）不得少于 2.0%。

【等级规格】

1. 野生甘草

（1）条草规格标准

一等：呈圆柱形，单支顺直。表面红棕色、棕黄色或灰棕色，皮细紧，有纵纹，斩去头、尾，口面整齐。质坚实、体重。断面黄白色，粉性足。味甜。长 25～50cm，顶端直径 1.5cm 以上，间有黑心。

二等：呈圆柱形，单支顺直。表面红棕色、棕黄色或灰棕色，皮细紧，有纵纹，斩去头、尾，口面整齐。质坚实、体重。断面黄白色，粉性足。味甜。长 25～50cm，顶端直径 1cm 以上，间有黑心。

三等：呈圆柱形，单支顺直。表面红棕色、棕黄色或灰棕色，皮细紧，有纵纹，斩去头、尾，口面整齐。质坚实、体重。断面黄白色，粉性足。味甜。长 25～50cm，顶端直径 0.7cm 以上。

统一质量要求：干货，无须根、杂质、虫蛀、霉变。其他要达到药用标准。

（2）毛草（须子）规格标准

统货：呈圆柱形弯曲的小草，去净残茎，不分长短。表面红棕色、棕黄色或灰棕色。断面黄白色，味甜。顶端直径 0.6cm 以上（说明:《中国药典》和本书甘草性状描述，直径 0.6～3.5cm，所以直径最低 0.6cm）。干货。无杂质、虫蛀、霉变。

（3）统货：不分长短、大小、颜色、产地等，达到药用标准者。干货。无杂质、虫蛀、霉变。

2. 栽培甘草

（1）条草规格标准

一等：通常生长年限3年或以上，顺直。表面红棕色、棕黄色或灰棕色，纵纹明显，皮紧纹细。质地较坚实。斩去头尾，口面整齐。断面黄白色，长25～50cm，顶端直径1.5cm以上。

二等：通常生长年限3年或以上，顺直。表面红棕色、棕黄色或灰棕色，纵纹明显，皮紧纹细，质地较坚实。斩去头尾，口面整齐。长25～50cm，顶端直径1.0cm以上。

三等：通常生长年限3年或以上，顺直。表面红棕色、棕黄色或灰棕色，纵纹明显，皮紧纹细，质地较坚实。斩去头尾，口面整齐。长25～50cm，顶端直径0.7cm以上。

（2）浮草规格标准：生长1～2年，细小根或根茎，表面纵纹明显。

（3）统货：不分长短、大小、产地，达到药用标准者。干货。无杂质、虫蛀、霉变。

【传统炮制】

甘草：除去杂质，洗净，润透，切厚片，干燥。

炙甘草：取甘草片，照蜜炙法炒至黄色至深黄色，不粘手时取出，晾凉。

—— 枸杞子 ——

【药用来源】

为茄科植物宁夏枸杞 Lycium barbarum L. 的干燥成熟果实。

【识别要点】

灌木或小乔木状。主枝数条，粗壮，果枝细长，先端通常弯曲下垂，外皮淡灰黄色，刺状枝短而细，生于叶腋。叶互生或丛生于短枝上；叶片披针形或卵状长圆形。花腋生，2～6 朵簇生于短枝上；花冠漏斗状，5 裂；花冠管部较裂片稍长，粉红色或深紫红色，具暗紫色脉纹；雄蕊 5，着生于花冠管中部；雌蕊 1，子房长圆形。浆果倒卵形，熟时鲜红色，种子多数。花期 5～10 月，果期 6～10 月。

【适宜生境】

枸杞分布于东经 80°～120° 、北纬 30°～40° 区域，枸杞的适应性强，耐寒，耐盐碱，耐沙荒。在 −25℃越冬时无冻害，耐干旱，根系发达，可深达 6m 左右。在沙壤土、沙荒地、壤土、盐碱地上均能生长。栽培枸杞喜光、喜凉爽、喜肥，生命力强，寿命可长达 50 年以上。

【栽种技术】

一、生长习性

枸杞为茄科多年生小乔木或落叶灌木植物，喜冷凉气候，耐寒力很强。

当气温稳定在7℃左右时，种子即可萌发，幼苗可抵抗−3℃低温。春季气温在6℃以上时，春芽开始萌动。枸杞在−25℃越冬无冻害。

二、繁育方法

繁育方法多采用扦插繁殖的方法，少有种子繁殖。

1. 留种　选择枝节间短、粗壮、刺少、生长健壮、无病虫害的5～6年以上的植株作种株，于当年6～11月选摘果大色红、含糖量较高的成熟果实，搓选出饱满种子，晾干后即可播种。如不能及时播种可将种子与3倍的湿沙混合放入木箱中置于20℃左右的室内，上盖塑料薄膜，保持湿润，翌春在30%～50%的种子露白时进行播种。

2. 扦插

（1）扦插条采集：于枝条萌动前或3月下旬，选择形成木质化的、粗0.4～0.6cm、生长健壮的枝条，剪成12～15cm长的扦插条。

（2）扦插时间：一般在3月下旬或4月上旬，枝条萌芽前扦插。

（3）扦插方法：按10cm株距、40cm行距，开沟插入，填土踏实，插条上端1～2cm露出地面，浇小水保墒。

三、栽种方法

1. 选地整地

（1）育苗地：宜选择阳光充足、地势平坦、灌溉方便、土质深厚疏松、土壤pH＜8、排水良好的沙壤土。秋季深翻土地，施入厩肥2000～2500kg。冬季灌水。翌年开春土壤解冻时，再翻地25～30cm，做成1～1.5m宽的高畦。

（2）种植地：宜选用含盐量在0.3%以下的沙壤土或冲积土。于前一年秋季进行全面翻耕，翌年春季耙平后挖好定植穴，浇灌底水并施足基肥，然后进行移栽定植。

2. 播种

（1）育苗：在春、夏、秋三季都可进行育苗，在春季3月下旬播种较好。在整好的育苗床上，按行距30～40cm，开宽3～5cm、深22cm的播种沟进行条播。将催芽后的种子与10倍细沙拌匀，均匀撒入沟内，播后覆盖细湿土。

稍加镇压后在畦面上盖草，保温保湿，种子出苗后及时撤除覆草。枸杞种子小，千粒重约 1g。每亩播种量在 0.18 ~ 0.2kg 左右。

（2）移栽定植：春节栽植以 3 月下旬至 4 月上旬定植为好，此时成活率较高。秋季栽植应在 9 月下旬至 10 月中旬进行。栽植可采用垄植的方法，按株行距 1.5m × 1.8m，挖 40cm × 40cm × 40cm 的栽植坑，每亩约栽植 240 株。栽植时坑内先施入 2 ~ 3kg 和熟土拌好的腐熟农家肥，肥上覆盖 10cm 厚的细熟土，然后放入直立健壮并带有 3 ~ 5 条须根的枸杞苗，栽正后覆土，高出地面 8 ~ 10cm，使其呈龟背形。栽后灌水 2 ~ 3 次，可以提高成活率。

四、田间管理

1. 苗期管理　一般播后 7 ~ 10 天出苗，苗木生根期灌水应多次少量，速生期应少次多量，生长后期控制灌溉并及时排除积水。苗期一般追肥 2 次，每次每亩施加尿素 5 ~ 10kg，并可根据苗情配施适量磷肥和钾肥。当年生幼苗生长至 3 ~ 5cm 时应按株距 3 ~ 5cm 进行第 1 次间苗。当幼苗高 8 ~ 10cm 时，按株距 10cm 左右进行定苗。每亩保苗 10000 ~ 20000 株。当实生苗生长至 20 ~ 30cm 高时，应及时除去苗木基部的侧芽。插条发芽生长至 3 ~ 5cm 长时，从萌发的侧枝中选定一健壮枝，并及时除去苗木基部的其他侧芽。当幼苗生长至 70cm 时，摘心定型，控制生长，即可培育出健壮的苗木。

2. 枸杞园管理

（1）翻地：枸杞园的翻晒一般每年 2 次，分别在春季和秋季进行。春季一般在 3 月下旬至 4 月上旬进行，此次翻晒深度要浅，一般为 10 ~ 15cm 即可。秋季一般在 9 ~ 10 月进行，此次翻晒深度要深，一般为 20 ~ 25cm，但在树冠下要翻晒浅一些，以防伤根。

（2）施肥：基肥以农家肥为主，复合肥为辅，秋季施最佳。追肥以速效化肥为主，腐熟的有机肥为辅。一般情况下，3 年以上（盛果期）的枸杞每亩年施肥 8 ~ 9 次，需保证尿素 250kg，磷酸二铵或过磷酸钙 200kg，优质厩肥 2500kg。

（3）灌水与排水：灌水根据田地及植株的生长情况而定。一般 2 ~ 3 年生的幼龄植株每年灌水 5 ~ 6 次，灌水时间掌握在 6 ~ 9 月及 11 月，每月 1 次。

4 年以上的植株在 6 ~ 8 月灌水，每月还要增加 1 次灌水。每年灌水次数达到 6 ~ 8 次。生长期内若遇到下雨积水，要及时排水。

（4）整形与修剪：为了培育骨架稳固、树冠平整、通风透光的丰产树型，要在适当时期对幼树、成年树和老树进行修剪整形，剪去徒长枝、密生枝和病虫枝。为促进果实发育，最好将树型修剪成“主干分层形”，即树高 2m 左右，从主干上放出主枝，在中央主干上呈 3 层分布，各层间有一定间距，主枝与中央主干呈一定角度，向外张开，通风透光。

【病虫鸟害防治】

一、病害

1. *炭疽病*　又称枸杞黑果病，是毁灭性病害之一，可使枸杞减产 50% 左右，严重时可达 80% 以上。发病期在 5 月中旬至 6 月上旬，危害枸杞果实。受害青果染病初期首先出现数个小黑点或不规则的褐色斑，病斑迅速扩大，2 ~ 3 天蔓延至全果，体积萎缩。

防治方法：秋冬季清园时，除去病枝、病果，深埋或烧毁，及时排除田间积水，控制田间湿度；在发病期喷施 0.1% ~ 0.3% 尿素液，使枸杞叶面光亮，树势增强，并增强抗病能力；在阴雨季节喷洒波尔多液预防，发病时可用代森锰锌和甲基托布津交替喷洒防治。

2. *根腐病*　6 ~ 8 月发病，主要危害根部。发病时受害植株的须根发黑腐烂，皮层变褐色。

防治方法：平整园地，及时排水；翻晒园地，使其根部周围耕作层得到充分暴晒；发病初期，用 50% 甲基托布津 1000 ~ 1500 倍液或 50% 多菌灵 1000 ~ 1500 倍液浇灌根部；发现叶片发黄、枝条萎缩、侧枝枯死的植株，立即拔除，病穴用 5% 的石灰乳消毒，以防蔓延。

3. *流胶病*　为枸杞常见病害之一，常在夏季发生，危害树干。其发病特征是树干受害部位的树皮似火烧样而呈焦黑状，皮层和木质部分离，分泌泡沫状、带黏性的黄白色胶液，有腥味，常有苍蝇和黑色金龟子聚吸，严重时全株死亡。

防治方法：用刀将被害部位的皮层刮净，再用多菌灵原液或 2% 的硫酸铜溶液或波美 5 度的石硫合剂将其涂刷。

4. 白粉病 7 月下旬至 9 月上旬发病严重。主要危害叶片和嫩枝。受害的叶片两面呈白色粉状，霉层，发病后期病叶枯黄坏死，并且叶片常有早落现象。

防治方法：3 月上旬枝条萌发前喷 1 次 1∶1∶100 波尔多液，7 月上旬喷洒 25% 粉锈灵 800 倍液、50% 多菌灵 500 倍液等，根据病情可喷洒 2 ~ 3 次，间隔为 10 ~ 15 天。

5. 灰斑病 夏季高温多湿季节发病，主要危害叶片。发病初期，叶片表面病斑呈圆形或近圆形，中央部为灰白色，边缘呈褐色。发病后期，病斑变褐色并易干枯，叶片背面和果实多生有淡黑色的霉状物。

防治方法：严禁使用带病的种苗；秋冬季节清园，减少越冬菌源，加强栽培管理，增施有机肥和磷肥、钾肥，提高植株的抗病能力；发病前喷 1 次 1∶1∶150 波尔多液；发病期喷洒 77% 可杀得 600 倍液或 50% 多菌灵 500 倍液，每 10 ~ 15 天喷 1 次，连续 3 ~ 4 次。

二、虫害

1. 枸杞蚜虫 5 月中旬至 7 月中旬蚜虫密度最大，危害植株的顶梢、嫩芽、花蕾及青果等。蚜虫吮吸汁液，使受害枝叶卷缩，严重时花、果、叶表面全被它的分泌物所覆盖，致使枸杞大面积减产。

防治方法：9 月中下旬在蚜虫产卵前，用 50% 的灭蚜净 3000 倍液或 10% 的吡虫啉可湿性粉剂 1500 倍液进行防治；加强除草，清除残枝并及时将其烧掉。

2. 枸杞木虱 3 ~ 4 月开始活动，5 ~ 6 月间暴发，秋季新叶重新生长时再次盛发。虫害危害幼枝，使树势衰弱，早期落叶，受害严重时全株遍布成虫及卵。

防治方法：同蚜虫。

3. 枸杞瘿螨 5 ~ 6 月展叶时形成虫瘿，8 ~ 9 月危害达到高峰。主要危害叶片、嫩梢、花瓣、花蕾及幼果。被害部位呈紫色或黄色痣状虫瘿。

防治方法:4 月左右枸杞新叶萌发、新梢生长时进行防治；结合防治蚜虫、木虱、锈螨，用 45%～50% 硫黄胶悬剂 300 倍液喷洒树冠；掌握当地出瘿成螨外露期或出蛰成螨活动期，喷洒波美 0.5 度石硫合剂、4% 杀螨威 2000 倍液 2～3 次。

4. 枸杞锈螨　4 月中旬植株展叶后开始危害，5～6 月危害高峰期，8 月萌出新叶时出现第 2 次繁殖高峰。主要危害叶片，常集群密布于叶片吸取汁液，使叶片变成铁锈色而使其早落。

防治方法：基本同枸杞瘿螨，用 50% 硫黄胶悬剂 300 倍液于 5 月上旬喷洒树冠。

5. 枸杞负泥虫、枸杞跳甲、枸杞小跳甲　6～7 月危害叶片，使叶片残缺不全。

防治方法：忌与茄科作物间种或套种；幼虫期可使用 1.3% 苦烟乳油 1000 倍液进行喷洒或用 1.8% 阿维菌素 1000 倍液喷洒防治。

6. 枸杞黑盲蝽　盛发于 7 月。危害幼枝及叶片，刺吸枝、叶及花果汁液，降低果实产量和质量，使树势衰弱，影响其生长发育。

防治方法：同枸杞负泥虫。

7. 枸杞蛀果蛾　俗称钻心虫。4 月中下旬第一代幼虫危害新梢；6 月第二代幼虫危害果实；7 月下旬至 8 月中旬第三代幼虫危害果实达到盛期；8 月底至 9 月初第四代幼虫主要危害秋果及花蕾。

防治方法：秋季消灭树干皮缝中的越冬蛹；夏季当幼虫从枝梢下到树干基部或地面化蛹之前，在主干中部缠绕数圈草绳，以诱惑幼虫，随时检查消灭。

8. 枸杞黄蓟马　4 月中旬当叶开放后成虫开始活动，6～7 月危害最为严重，主要危害叶片。成虫群聚于叶背面，造成微细的白色斑驳，排泄的粪便常呈黑褐色污点密布叶背面，被害叶略呈纵向反卷，严重时叶片早期枯落，生长受到抑制。

防治方法：同蚜虫。

9. 枸杞实蝇　俗称果蛆、白蛆。幼虫食害果实。被害果实表面呈白色斑点，并萎缩呈畸形。果肉被吃空且塞满虫粪，被称为“蛆果子”。

防治方法：每年 4 月底至 5 月上旬可进行土壤拌药处理，用 3% 辛硫磷拌土撒施，施后立即灌水，每亩施用 2 ~ 3kg；采果期将虫果单独摘除销毁，可减少一部分虫果量。

三、鸟害

果实成熟后特别容易被鸟啄食，大大降低枸杞的产量和品质。其中危害最严重的当属麻雀。

防治方法：现在大多采用拉网遮拦的方法防护，也可采取惊吓、驱赶的办法减少危害。

【采收加工】

一、采收

每年 6 ~ 10 月当果实由绿变红时采收。摘果应选晴天露水干后进行，并注意轻采、轻放，防止压烂或受损伤，以免果浆外流而影响质量。每隔 1 ~ 2 天摘 1 次，采摘时连同果柄一同采收。忌有晨露或雨水未干时采摘。

二、产地加工

常用方法有晒干法、热风干燥法和快速干燥法三种。其中热风干燥法是将鲜果摊在特制的果栈上，厚 2cm，而后送入特殊的干燥房，鼓风烘干（温度不超过 60℃）。也可采用土碱粉、碳酸钠粉、碳酸氢钠粉、油酸钾粉处理的快速干燥法。果实干燥后除去果柄。

【贮藏】

置阴凉干燥处，防闷热、防潮、防蛀。

【药材形态】

本品呈类纺锤形或椭圆形，长 6 ~ 20mm，直径 3 ~ 10mm。表面红色或暗红色，顶端有小突起状的花柱痕，基部有白色的果梗痕。果皮柔韧，皱缩；果肉肉质，柔润。种子 20 ~ 50 粒，类肾形，扁而翘，长 1.5 ~

1.9mm，宽 1～1.7mm，表面浅黄色或棕黄色。气微，味甜。

【成分含量】

本品含枸杞多糖，以葡萄糖（$C_6H_{12}O_6$）计，不得少于 1.8%。本品含甜菜碱（$C_5H_{11}NO_2$）不得少于 0.30%。

【等级规格】

1. 西枸杞规格

一等：干货。呈椭圆形或长卵形。果皮鲜红、紫红或红色，糖质多。质柔软滋润。味甜。每 50g 370 粒以内。无油果、杂质、虫蛀、霉变。

二等：干货。呈椭圆形或长卵形。果皮鲜红色或紫红色，糖质多。质柔软滋润。味甜。每 50g 580 粒以内。无油果、杂质、虫蛀、霉变。

三等：干货。呈椭圆形或长卵形。果皮红褐色或淡红色，糖质较少。质柔软滋润。味甜。每 50g 900 粒以内。无油果、杂质、虫蛀、霉变。

四等：干货。呈椭圆形或长卵形。果皮红褐色或淡红色，糖质少。味甜。每 50g 1100 粒以内。油果不超过 15%，无杂质、虫蛀、霉变。

五等：干货。呈椭圆形或长卵形。果皮色泽深浅不一，糖质少，味甜。每 50g 1100 粒以外。油果不超过 30%，无杂质、虫蛀、霉变。

2. 血枸杞规格标准

一等：干货。呈类纺锤形，略扁。果皮鲜红色或深红色。果肉柔润。味甜、微酸。每 50g 600 粒以内。无油果、黑果、杂质、虫蛀、霉变。

二等：干货。呈类纺锤形，略扁。果皮鲜红色或深红色。果肉柔润。味甜、微酸。每 50g 800 粒以内。油果不超过 10%，无黑果、杂质、虫蛀、霉变。

三等：干货。呈类纺锤形，略扁。果皮紫红色或淡红色。深浅不一，味甜、微酸。每 50g 800 粒以外。包括油果。无黑果、杂质、虫蛀、霉变。

备注：枸杞子近年因引种地区较多，由于自然条件不同，产品质量有差别，故分为西枸杞、血枸杞两个品种。西枸杞系指宁夏、甘肃、内蒙古、新疆等地的产品，具有粒大、糖质足、肉厚、籽少、味甜的特点。血枸杞系指河北、山西等地的产品，具有颗粒均匀、皮薄、籽多、糖质较少、色泽鲜红、味甜微酸的特点。各地产品可按相符标准分等，不受地区限制。

【传统炮制】

枸杞：簸净杂质，摘去残留的梗和蒂，干燥。

关黄柏

【药用来源】

芸香科植物黄檗 *Phellodendorn amurense* Rupr. 的干燥树皮。

【识别要点】

落叶乔木，高 10～25m。树皮厚，外皮灰褐色或淡棕色，罕为红棕色，有小皮孔。奇数羽状复叶对生，小叶柄短，5～15 枚，披针形至卵状长圆形，先端长渐尖，叶基为不等的广楔形或近圆形，边缘有细钝齿，齿缝有腺点，上面暗绿色无毛；下面苍白色，仅中脉基部两侧密被绒毛，薄纸质。花期 5～6 月，花单性，雌雄异株，排成项生圆锥花序，花序轴密被短毛，萼片 5，花瓣 5～8，雄花有雄蕊 5～6，退化雌蕊钻形，雌花有退化雄蕊 5～6。果期 10 月，果轴及果枝粗大，常密被短毛，浆果状核果球形，熟时黑色，有种子 5～6 颗。

【采收加工】

一、采收

黄柏采收年限在 20 年左右，且以秋季采收为宜。采收方法有传统的砍树剥皮和现代的环剥技术两种。

1. **传统砍树剥皮**　先将树砍倒，刮去外层粗皮，再按商品规格需要的长度进行横切，并在两横切的环间纵切一刀，依次剥下树皮、枝皮及根皮。

2. **现代环剥技术**　选择长势旺盛、枝叶繁茂的树进行环剥，先用利刀在树干枝下 15cm 处横割一圈，并按商品规格需要向下再横割一圈，在两环切口间垂直向下纵割一刀，切口斜度以 45° ~ 60° 、深度以不伤及形成层和木质部为宜。然后用竹刀在纵横切口交界处撬起树皮，向两边均匀撕开，在剥皮的过程中注意勿接触剥面，以防因病菌感染而影响新皮的形成。如法剥皮，直至离地面 15cm 处为止。树皮剥下后，用 10ppm 吲哚乙酸溶液、10ppm2,4-D 或用 10ppm 萘乙酸加 10ppm 赤霉素溶液喷在创面上，以加速新皮的形成，并用塑料薄膜包裹，包裹时应上紧下松，利于雨水排除，并减少薄膜与木质部的接触面积，以后每隔 1 周松开薄膜透风 1 次。当剥皮处由乳白色变为浅褐色时，可剥除薄膜，让其正常生长，但再生的树皮质量和产量都不如第 1 次剥取的树皮。

二、产地加工

将树皮晒至半干、压平，将粗皮刨净至显黄色为止，再用竹刷刷去刨下的皮屑，晒干即可。

【贮藏】

置通风干燥处，防潮。

【药材形态】

本品呈板片状或浅槽状，长宽不一，厚 2 ~ 4mm。外表面黄绿色或淡棕黄色，较平坦，有不规则纵裂纹，皮孔痕小而少见，偶有灰白色的粗皮残留；内表面黄色或黄棕色。体轻，质坚硬，断面纤维性，有的呈裂片状分层，鲜黄色或黄绿色。气微，味极苦，嚼之有黏性。

【成分含量】

本品含盐酸小檗碱（$C_{20}H_{17}NO_4 \cdot HCL$）不得少于 0.60%，含盐酸巴马汀（$C_{21}H_{21}NO_4 \cdot HCL$）不得少于 0.30%。

【等级规格】

统货：干货。树皮呈片状。表面灰黄色或淡黄棕色，内表面淡黄色或黄棕色。体轻、质较坚硬。断面鲜黄、黄绿色或淡黄色。味极苦。无粗栓皮及死树的松泡皮。无杂质、虫蛀、霉变。

【传统炮制】

关黄柏：除去杂质，喷淋清水，润透，切丝，干燥。

关黄柏炭：取关黄柏丝，照炒炭法，炒至表面焦黑色。

盐关黄柏：取关黄柏丝，照盐水炙法炒干。

—— 红 花 ——

【药用来源】

为菊科植物红花 *Carthamus tinctorius* L. 的干燥花。

【识别要点】

一年生或二年生草本，高 30～90cm。叶互生，卵形或卵状披针形，先端渐尖，边缘具不规则锯齿，齿端有锐刺；微抱茎。头状花序顶生，总苞片多层，最外 2～3 层叶状，边缘具不等长锐齿，内面数层卵形，上部边缘有短刺；全为管状花，两性，花冠初时黄色，渐变为橘红色。瘦果白色，倒卵形，具 4 棱，无冠毛。花期 5～7 月，果期 7～9 月。

【适宜生境】

红花喜温，适宜较干燥的气候，抗旱、耐寒、耐盐碱，对环境适应性较强，但怕高温、高湿，在花期尤其怕涝、怕梅雨。适宜生长在年平均气温 15.8～17.4℃、1 月平均气温 5～6.8℃、7 月平均气温 26～28℃、无霜期 290 天左右、降雨量 976mm 左右的地区。在地势高、排水良好、中等肥沃的沙壤土中适合栽培，重黏土及低洼积水地不宜栽培。

【栽种技术】

一、生长习性

红花属于温带作物，幼苗出土后植株贴近地面生长，叶片成簇如莲座状。

南方 4 月、北方 6 月现蕾，1 个月后开花，花的颜色随花的生长不断发生变化，由淡黄逐渐变为深黄色，后期变成红色，再变为深红色，最后干枯凋谢。一般花期后 30 天左右种皮变白色，果实成熟。

二、繁育方法

通常采用种子繁殖法。选择植株健壮、株高适中、分枝多、花朵大、花色橘红、无病虫害的植株作留种株。霜降前后采收，种子以粒大、饱满、色正者为好。红花种子在贮藏期间的含水量应降至 8% 以下。播种前种子还应精选并用药剂拌种，使种子的纯度、净度、发芽率均达到 90% 以上。

三、栽种方法

1. 选地 红花对土壤要求不严，要获得较高的产量，要有良好的土壤。种植红花应选择地势平坦、土质深厚、排灌方便的沙壤土及轻黏土，同时四周开好围沟，便于排水；瘠薄的土壤影响产量及品质。红花忌连作，前茬以大豆、玉米、马铃薯为好，小麦次之。土壤含盐量应在 0.4% 以下，土壤 pH 在 7 ~ 8 之间。

2. 土地整理 红花根系入土深达 2m 以上，深耕必须达到 25cm 以上。地块在入冬前要秋耕冬灌，秋耕每亩深施有机肥 1000 ~ 1500kg。到春季，当土壤墒情适宜，人力机具可以进地时，进行土地整理，主要是犁地耕耙作业。播前土地整理要达到地表平整，表土疏松细碎，土块直径不超过 2cm。

3. 选种 选择整齐饱满、发芽率高的种子，播种后长出的幼苗整齐、健壮；发育不良的种子播种后，出苗先后不一，生长参差不齐，影响产量。红花籽粒饱满度测定法是根据悬浮剂与红花籽粒比重之间的关系，采用煤油作试剂，用未筛选的籽粒作测定样品，放于烧杯中，倒入试剂，以淹没为度，轻搅，静置几分钟，捞去浮着的秕籽，用沉淀籽粒播种。

4. 种子处理 红花籽粒在贮藏前要晒干，使籽粒的含水量降至 8% 以下，以防因其发热而霉烂变质，发芽率降低。

为了培育壮苗和防治病虫害，种子应精选并用药剂拌种，使种子的纯度、净度、发芽率均达到 90% 以上。可将种子放入 40 ~ 50℃水中浸泡 10 分钟，再放入冷水中凉透，捞出稍晾干，即可播种。也有的地方，将种子丸衣化。

在根部病害较多的地块，可用 0.3% 的多菌灵拌种。

5. 播种　红花在平均气温达到 3℃以上时即可播种。适时早播可延长幼苗的营养生长期，培育壮苗，为植株中后期的生长打下良好的基础。一般以条播为宜，必要时也可等距离点播，通常以方便间苗和定苗为准。在新疆，红花通常采用谷物播种机条播，播量一般为每亩 1.5～2.0kg，行距为 30～40cm，播种深度为 4～5cm，播种均匀一致，播后覆土 2～3cm，红花种植密度一般为每亩 19000～22000 株。

四、田间管理

1. 除草与培土　除草的目的是疏松土壤，调节土壤、水、肥，加强土壤微生物活动和氧化还原作用，促进根系发育并消灭杂草。在红花生长期间，一般应除草 2～3 次，第 1 次除草在出苗后，与间苗同时进行。最后 1 次在生长期，并结合开沟培土，开沟深度 15～20cm，以利于灌水和防止倒伏。

2. 施肥　红花是耐贫瘠作物，但要获得高产，必须施入一定量的肥料。施肥量的多少及施肥种类，要根据红花对营养元素的需求量和土壤肥力确定。每生产 100kg 红花籽粒，大致需要纯氮 8～10kg、五氧化二磷 2.0～2.2kg、氧化钾 8～10kg。新疆地区的土壤一般富含钾而缺少氮、磷，种植时以施氮磷肥为主。

施肥时注意四点：①重视有机肥和化肥的结合施用；②注意各种肥料的合理搭配；③注意微量元素的施用；④注意土壤的供肥能力和红花的需肥特征。

在红花的一生中，从生长期到分枝期，是红花的需肥敏感期，在这一阶段保证各种肥料的充分供应，则能取得最大的经济效益。基肥应在秋耕前施入腐熟农家肥，每亩拌入过磷酸钙 50～60kg；追肥应在红花生长期结合开沟培土，在浇头水前施入，每亩施尿素 10～15kg、磷酸二铵 50～60kg。在生长期或花蕾期喷含有铜、钼、锌、硼等微量元素的微肥，可增加籽粒饱满度，提高千粒重，提高干花产量。

3. 灌溉　红花耐寒怕涝，灌溉次数和灌溉水量因气候、土壤和品种而异。红花种子发芽期间需要较高的土壤湿度，可加强秋冬灌水来保证早春的土壤墒情。

种植红花在分枝期、始花期和终花期一般需要各灌水 1 次。分枝期的灌水量一般为每亩 60m^3，初花期为每亩 80m^3，终花期为每亩 60m^3。如果遇到雨水偏多或偏少的年景，灌水量和灌水次数可酌情变化。

红花的灌溉方式一般采用细流沟灌或隔行沟灌。这样既可节约用水，又不会因积水导致病害的发生。

红花的灌溉时间，以早晨或傍晚为宜。如红花植株在高温下浸泡 2 小时以上，就可能发生死亡。如果土壤湿度在 15% 以上，或者在 2 ~ 3 小时内有大雨时，最好不要灌溉，在终花期后一般不再灌水。如果灌水过多，会影响红花产量和含油量。

4. 轮作与倒茬　红花的前茬作物以玉米、马铃薯、大豆为佳，小麦次之。红花较之其他作物消耗地力少，可作为麦类作物的前茬。为了避免红花病虫的蔓延，切忌连作，对于水浇地尤其如此。

5. 地膜覆盖　在地膜覆盖条件下栽培的红花（简称覆膜红花），主茎高度、出叶速度、分枝情况与裸地红花相比，总的变化规律是一致的，但在各个生长发育阶段，覆膜红花的生长发育进程明显快于裸地红花。覆膜红花的生长发育进程较裸地红花明显提前，有效开花结实期延长，可提高干花与种子产量。

【病虫防治】

一、病害

1. 锈病　病原属担子菌亚门冬孢菌科柄锈菌属。红花柄锈菌在高温高湿或多雨季节易发生流行病害，连作地发病严重。主要危害叶片、苞叶等部位。红花叶片受到病原菌侵害后出现蜜黄色病斑，叶面密生针头状黄色小颗粒；叶片背部散生锈褐色微隆起的小疱斑，后期形成暗褐色至黑褐色疱状物。严重时花的色泽差，种子不饱满，品质与产量降低。

防治方法：选择地势干燥、排水良好的地块种植；选育并推广抗病或早熟避病良种；播种前用 25% 粉锈宁按种子重量的 0.3% ~ 0.5% 拌种；控制灌水，雨后及时开沟排水；适当增施磷钾肥，促进植株健壮；发现病株后及时清除田间病株，并集中烧毁；发病初期和流行期喷洒25%粉锈宁800～1000倍液，或97%敌锈钠600倍液2～3次，每10天喷洒1次。

2. 枯萎病　又名“根腐病”。病原为尖镰孢红花转化型，主要危害根部和茎部，开花前后发病严重。病菌于苗期侵入，发病初期须根变褐、腐烂，扩展后引起支根、主根和茎基部维管束变褐色。发病严重时植株茎叶由下而上萎缩变黄，3～4天全株枯萎死亡。

防治方法：选择地势高燥、排水良好的地块种植，雨季及时排除田间积水；选用健康的种子；播种前用50%多菌灵300倍液浸种20～30分钟；发病初期及时拔除并集中烧掉病株，再用生石灰撒施病穴及周围土壤；发病期用50%多菌灵或甲基托布津800倍液浇灌病株根部。

3. 茎腐病　病原为核盘菌。在北方，6月即可出现病株，7月为盛发期。在排水不畅的黏性土、湿冷环境、邻油菜地或连作时容易发生此病。一般秋播的有刺红花，密植时发病率高，主要危害茎。茎的基部会出现水渍斑，叶上有白色的菌丝体，植株发黄、萎蔫而枯死。

防治方法：实行水旱轮作；选育健壮、抗茎腐病的品种；及时松土，以减少病原基数；保持田间通气透光，排除积水以降低土壤湿度；适当增施磷钾肥，控制氮肥；防止机械损伤；并用生石灰消毒病区。

4. 炭疽病　病原为红花盘长孢菌，是红花的重要病害。主要危害叶片、叶柄、嫩梢和茎。叶片病斑呈褐色、近圆形，有时龟裂；茎上病斑呈褐色或暗褐色、梭形，互相汇合或扩大环绕基部。天气潮湿时，病斑上生橙红色的点状黏稠物质，即病原菌分生孢子盘上大量聚集的分生孢子。严重时造成植株烂梢、烂茎、折倒，甚至死亡。

防治方法：选用抗病品种；在分枝前开始喷洒1∶1∶100波尔多液、65%代森锌500～600倍液，每隔7～10天喷1次，连续喷2～3次。

5. 花芽腐烂病　病原为灰葡萄孢菌。多发于湿度大的沿海地区或多雾多雨地区。在灌溉沟的边缘，因湿度较高也有发生。主要危害花。受害花头部变为淡绿色，逐渐变成白色，皱缩，停止生长。受害严重的花头会折断，这是由于苞片与花梗连接处的组织被损坏所引起的。

防治方法：同茎腐病。

6. 黄萎病 病原为黄萎轮枝孢菌。在含有大量氮和水分的冷黏结土壤中容易发生。生长期内的任何阶段都可发病。主要危害茎及叶。叶子脉间及叶缘变白，叶片从下部逐渐出现斑点，最后变为白色或棕色，维管束组织出现黑色。严重时植株发黄枯死。

防治方法：选用没有携带病菌、抗病品种的种子；同时用有抗性的作物如玉米、水稻、高粱、甜菜等和红花轮作。

二、虫害

1. 红花长须蚜 又名“蛐虫”。6～7 月红花开花时为害最重。一般雨季为害减轻，干旱时为害严重。以无翅胎生群集于红花嫩梢上吸取汁液，造成叶片卷缩起疱等。

防治方法：发现蚜虫时，可用七星瓢虫进行生物防治，或用 10% 的吡虫啉 2500～3000 倍液喷施防治。

2. 油菜潜叶蝇 又名豌豆潜叶蝇，土名叫“叶蛆”。在红花上发生普遍。主要是幼虫潜入红花叶片，以叶肉为食，形成弯曲不规则的由小到大的虫道。为害严重时，虫道相通，叶肉大部分被破坏，以致叶片枯黄脱落，影响植株光合作用，进而影响产量。

防治方法：5 月初喷施 1.8% 阿维菌素乳油 3000～4000 倍液进行防治。

【采收加工】

一、采收

南方采收期在 5～6 月，北方采收期在 6～8 月。在盛花期清晨露水未干时采收，此时花苞及叶上的刺较软，易采摘。每个花序可连续采摘 2～3 次，可每隔 2～3 天采摘 1 次。

二、产地加工

采回后立即晾晒。日光过强时，用布遮盖，以保持颜色鲜艳。晒时用工具轻翻。如遇阴雨天，可用文火烘干，温度控制在 50℃左右。未干透时不能堆置，否则红花发霉变黑。

加工时，强光曝晒及烈火烘烤以及用手触摸，都会使红花变色影响质量。

【贮藏】

置阴凉干燥处，防虫，防蛀。

【药材形态】

本品为不带子房的管状花，长1～2cm。表面红黄色或红色。花冠筒细长，先端5裂、裂片呈狭条形，长5～8mm；雄蕊5，花药聚合成筒状，黄白色；柱头长圆柱形，顶端微分叉。质柔软。气微香，味微苦。

【成分含量】

本品含羟基红花黄色素A（$C_{27}H_{32}O_{16}$）不得少于1.0%，含山柰素（$C_{15}H_{10}O_{6}$）不得少于0.05%。

【等级规格】

一等：干货。管状花皱缩弯曲，成团或散在。表面深红、鲜红色，微带淡黄色。质较软，有香气，味微苦。无枝叶、杂质、虫蛀、霉变。

二等：干货。管状花皱缩弯曲，成团或散在。表面浅红、暗红或黄色。质较软，有香气，味微苦。无枝叶、杂质、虫蛀、霉变。

备注：红花的等级是按传统习惯制定的。浙江红花可按地区习惯自行制订。

【传统炮制】

取原药材，除去杂质，花萼及花柄，筛去灰屑，干燥。

黄 精

【药用来源】

本品为百合科植物滇黄精 *Polygonatum kingianum* Coll.et Hemsl.、黄精 *Polygonatum sibiricum* Red. 或多花黄精 *Polygonatum cyrtonema* Hua 的干燥根茎。按形状不同，习称“大黄精”“鸡头黄精”“姜形黄精”。

【植物形态】

滇黄精：根状茎近圆柱形或近连珠状，结节有时作不规则菱状，肥厚，直径 1～3cm。茎高 1～3 米，顶端作攀援状。叶轮生，每轮 4～8 枚，叶线形或线状披针形，先端拳卷。花梗着生花 2～3 朵，总花梗下垂，花被粉红色，浆果成熟时红色。花期 3～5 月，果期 9～10 月。

黄精：多年生草本，根茎横走，由于结节膨大，因此“节间”一头粗、一头细，在粗的一头有短分枝（中药志称这种根状茎类型所制成的药材为鸡头黄精），直径 1～2cm。茎直立，高 50～90cm，有时呈攀援状。叶轮生，每轮 4～6 枚，条状披针形，先端拳卷或弯曲成钩。花序通常具 2～4 朵花，成伞形状，下垂，花被筒状；白色至淡黄色，先端 6 浅裂，雄蕊 6 枚，花丝较短。花柱长，为子房的 1.5～2 倍。浆果蓝黑色，具 4～7 颗种子。花期 5～6 月，果期 8～9 月。

多花黄精：根状茎肥厚，通常连珠状或结节成块，少有近圆柱形，直径 1～2cm。茎高 50～100cm，叶互生，椭圆形、卵状披针形至长圆状披针形，少有稍作镰状弯曲。花梗着生花具 2～7（～14）花，在总花梗上排列成伞形，花被黄绿色；花丝具小乳突或微毛，顶端稍膨大至具囊状突起，浆果黑色。花期 5～6 月，果期 8～10 月。

【适宜生境】

黄精生长环境选择性强，喜生于阴湿环境，在土壤疏松肥沃、土层深厚、表层水分充足、荫蔽但上层透光性充足的林缘、灌丛或林下开阔地带，以及排水和保水性良好的沙质壤土或黏壤土中生长较好。黄精适合酸碱度适中的土壤，一般以中性和偏酸性土壤为宜。

【栽种技术】

一、生长习性

多生长于阴湿的山地灌木及林边草丛中，耐寒，幼苗能在田间越冬，但不宜在干燥地区生长。种子不易萌发，发芽时间长，发芽率为 65%～70%，种子寿命为 2 年。

二、繁育方法

可采用根茎繁殖和种子繁殖，但生产上以根茎繁殖为主。于晚秋植株落叶后或早春 3 月下旬前后植株萌芽前，选取生长健壮、无病虫害的植株的地下根茎作为繁殖材料。

三、栽种方法

1. 选地整地 选择湿润林下、山林地缘或者有充分荫蔽的地块种植，土壤以质地疏松、肥沃、保水力好的壤土或沙壤土为宜。深翻土地，结合土地整理，每亩施腐熟肥 5000～6000kg，翻入土中作基肥，然后耙细整平，做成宽 1.1m 左右的畦，开畦沟宽 40cm，挖好排水沟。

2. 根茎栽种 选取根茎的先端幼嫩部分，截成数段，每段应有 2～3 个节，伤口稍加晒干收浆。栽种前做浸种处理，用多菌灵、生根剂浸泡 6 小时，捞出后用草木灰拌种后栽种。然后按行距 25～30cm、株距 10～15cm 开穴栽种，穴深 8cm 左右，每穴 1 段，覆土后稍加轻压并浇水，以后每隔 4～5 天浇水1次，使土壤保持湿润。若于秋末种植时，应在上冻前盖一些堆肥和草以保暖。

3. 种子育苗栽种　8月种子成熟后选取成熟饱满的种子作种，然后按种子与砂土1∶3的比例混合均匀后进行沙藏处理。存于背阴处30cm深的坑内，保持湿润。待第2年3月下旬筛出种子，按行距12～15cm畦面上开浅沟播种，盖土约1.5cm，稍镇压后浇水，并盖一层草保湿。出苗前去掉盖草，苗高6～9cm时适当间苗，1年后按行距25～30cm、株距10～15cm开穴栽种。

四、田间管理

1. 除草　幼苗生长较快，要及时进行除草松土，除草时间可酌情选定。注意除草和松土时宜浅不宜深，避免伤根。生长过程中也要适时培土，可以把垄沟内的泥巴培在植株根部周围，加快有机肥腐烂，防止根茎吹风或见光变色。

2. 追肥　追肥要结合除草进行，植株生长前期需肥较多，4～7月要保证植株营养生长阶段有足够的养分吸取，可根据植株生长情况及土壤肥力，每亩施入人粪尿水1200～2000kg。11月冬肥重施土杂肥1200～1500kg，并与过磷酸钙50kg、饼肥50kg混合均匀后，在阴天多云天气或下雨之前，将肥料在行间或株间开小沟施入，之后立即顺行培土盖肥。

3. 荫蔽　黄精出苗后，若无荫蔽条件则需搭设遮阴棚或床间种植玉米遮阴，遮阴棚高2m，四周通风，到10月中旬左右除去荫棚。林下间做遮阴效果好，遮阳网次之，人工搭设荫棚也可，调节其透光率在30%最佳。

4. 修剪打顶　在植株初花期可将黄精花蕾剪掉。

【病虫防治】

一、病害

黑斑病　多在春、夏、秋季发生，危害叶片。

防治方法：收获时清园，消灭病残体；前期喷施1∶100波尔多液，或者50%退菌特1000倍液，每7～10天1次，连续喷3次。

二、虫害

蛴螬 幼虫危害根部。咬断幼苗或咀食苗根，造成断苗或根部中空。防治方法：可用50%辛硫磷乳油800倍液灌根。

【采收加工】

黄精1～2年收获，种子播种的黄精3～4年收获。于秋末或春初刨除根茎，洗净泥土，除去须根和病疤，蒸10～20分钟（以蒸透为度），取出晾晒，边晒边揉，干燥即可。

【贮藏】

置通风干燥处，防霉，防蛀。

【药材形态】

本品呈结节状弯柱形，长3～10cm，直径0.5～1.5cm，结节长2～4cm，略呈圆锥形，常有分枝。表面黄白色或灰黄色，半透明，有纵皱纹，茎痕圆形，直径5～8mm。气微，味甜，嚼之有黏性。

【成分含量】

本品含黄精多糖以无水葡萄糖（$C_6H_{12}O_6$）计不得少于7.0%。

【等级规格】

规格：统货。本品呈结节状弯柱形或不规则的圆锥状，形似鸡头（习称“鸡头黄精”），长3～10cm，直径0.5～1.5cm。表面黄白色至黄棕色，半透明，全体有细皱纹及稍隆起呈波状的环节，地上茎痕呈圆盘状，中心常凹陷，根痕多呈点状突起，分布全体或多集生于膨大部分。质硬而韧，不易折断，断面淡棕色，呈半透明角质样或蜡质状，多数有黄白色点状筋脉。味微甜而有黏性。以块大、肥润色黄、断面透明、质润泽、习称“冰糖渣”者为佳。味苦者不可药用。

【传统炮制】

黄精：除去杂质，洗净，略润，切厚片，干燥。

酒黄精：取净黄精，照酒炖法或酒蒸法炖透或蒸透，稍晾，切厚片，干燥。每 100kg 黄精，用黄酒 20kg。

—— 黄芪 ——

【药用来源】

为豆科植物蒙古黄芪 *Astragalus membranaceus*（Fisch.）Bge.var. *mongholicus*（Bge.）Hsiao 或膜荚黄芪 *A.membranaceus*（Fisch.）Bge. 的干燥根。

【识别要点】

蒙古黄芪：为多年生草本。茎直立，高 40～80cm。奇数羽状复叶；小叶 12～18 对，叶片宽椭圆形或长圆形，上面无毛，下面被柔毛；托叶披针形。总状花序腋生；花冠黄色至淡黄色。荚果膜质，膨胀，半卵圆形，有长柄，无毛。花期 6～7 月，果期 7～9 月。

膜荚黄芪：与上种相似，但小叶 6～13 对，叶片上面近无毛，下面伏生白色柔毛；花冠黄色至淡黄色，或有时稍带淡紫红色，子房有毛；荚果被黑色短伏毛。

【适宜生境】

黄芪耐寒、耐旱、喜光、喜凉爽、怕涝。适宜高山或高原气候。多生长在海拔 900～1300m 之间的山区或半山区的干旱、向阳山坡上，或向阳林缘树丛间，植物多为针阔混交林或山地杂木林，土壤多为山地森林暗棕壤土。不宜在过酸和过碱的土壤中生长。黄芪为深根性植物，平地栽培应选地势高、干燥、排水良好、疏松而肥沃的沙壤土；山区应选土层深厚、排水好、背风向阳的山坡或荒地栽种。地下水位高、土壤湿度大、质地黏紧、低洼易涝的黏土或土质贫瘠的沙砾土，不宜种植。

【栽种技术】

一、生长习性

黄芪从播种到开花、结实，需要1～2年，2年以后每年可开花结果。于每年3月下旬至4月上旬开始萌芽，10℃以上陆续出土；到6月上旬2年生黄芪在叶腋中出现花蕾，7月上旬开始开花，花期为20～25天；7月中旬进入结果期，果期约为30天。

二、繁育方法

黄芪主要采用种子繁殖，选择2～3年生、健壮、无病虫害的植株留种。当果荚变黄、种子变褐色时分批采摘，晒干脱粒，精选后贮藏备用。在播种前必须进行种子处理，打破种皮的不透性，提高播种出苗率。处理方法：将种子用碾米机放大“流子”，机械串碾1～2遍，以不伤胚芽为宜。

三、栽种方法

1. 选地整地 选择向阳、排水良好、土质深厚的壤土。翻地35～40cm，结合翻地，每亩约施腐熟厩肥或堆肥2000kg左右，或复合肥25～30kg作基肥；混匀、整平耙细、起垄做畦，畦高20～30cm，畦宽130～140cm，畦间距40cm，畦长根据地势而定。

2. 播种

（1）播种期：可在春、夏两季播种。北方春播，5cm地温稳定在15℃以上，4月末至5月初播种；夏播6～7月雨季播种，利于出苗，但不宜过晚影响越冬。

（2）播种量：大田直播每亩播种2.5～3kg；育苗每亩播种8～10kg（每亩秧苗可栽种8～10亩大田）。

（3）播种方法：有直播和育苗移栽两种方法，生产上多采用直播。直播时在畦面上按行距20cm左右开深3cm的沟，将处理好的种子均匀撒在沟内，覆土1～1.5cm即可。播种至出苗期要保持地面湿润或加覆盖物促进出苗。

3. 移栽 4月上旬土地化冻后，选取头梢完整、大小均匀、分叉少、无病变的健壮一年生种苗，按行距40cm，开深15cm左右栽植沟，将种苗按株距10～12cm均匀摆放在栽植沟内，覆盖5cm疏松软土并轻压。如干旱，要进行浇水，注意栽植过程中剔除老苗、小苗、病苗、分叉多的苗。

四、田间管理

1. 间苗定苗　当幼苗长至5片小叶片、苗高10～12cm时，可以间苗。间苗、除草可同时进行，条播者每穴留苗2～3株。如有缺苗，及时带土补苗，利于成活。

2. 除草　种子直播者，一般在幼苗高4～5cm时，结合间苗进行1次除草。移栽苗起身后，结合除草把栽植沟抚平。以后根据田间草情每隔6～10天除草1次。

3. 追肥　定苗后结合降雨追施2次肥，结合土壤肥力每亩追施复合肥20～30kg，加速幼苗生长。第2次在初花期每亩追施有机肥30～40kg，促进后期的生长。

4. 灌溉浇水　在苗期和返青期需水较多，这两个时期应及时灌水，干旱地区可结合追肥同时进行。其他时间不遇旱情一般不需要灌水。雨季注意排水。

5. 打顶、摘蕾　除留种株外，6月中旬出现花蕾时将其摘除，7月底以前打顶。

【病虫防治】

一、病害

1. 白粉病　主要危害叶片、叶柄、嫩茎，严重时荚果也可发生。初期叶两面生白色粉状物，严重时，整个叶片被一层白粉所覆盖，叶柄和茎部也有白粉。

防治方法：加强日常管理；实行轮作，但不要与豆科植物和易感染此病的作物连作；栽培管理粗放，特别是氮肥过多，植株生长过旺易引起病害。发病初期用75%肟菌脂戊唑醇4000倍液和25%苯醚甲环唑乳油2500倍液，7～10天喷1次，连喷2～3次。

2. 根腐病 又称紫纹羽病，主要危害根部。须根首先发病，而后不断扩大蔓延至侧根、主根，病根由外向内腐烂。染病植株叶片变黄枯萎，病株易从土中拔出，主根和茎基变为褐色，呈干腐状，湿度大时长出粉霉。多发生在高温多雨季节，种植地势低、易积水、黏性土质、通风不良处易发病，严重影响黄芪的产量和品质。

防治方法：实行轮作，与禾本科植物轮作 3～4 年后再种；移栽前用 50% 多菌灵 100 倍液浸种，注意排水，降低湿度。发现病株，及时清除病残体并烧毁，然后用石灰粉封穴消毒，防止蔓延；发病期用 50% 甲基托布津稀释 850 倍液和 25% 苯甲嘧菌脂乳油 1500 倍液进行浇灌。

二、虫害

1. 豆荚螟 6 月下旬至 9 月下旬发生，幼虫为害豆荚，将种子吃成缺刻，荚内充满粪便，引起霉烂。

防治方法：避免与豆类作物连作或套种。在发生期喷 0.36% 苦参碱水剂 1000～1500 倍液喷施；在成虫盛发期选用高效低毒农药 10% 杀灭菊酯乳油 2000 倍液喷施，也可用白僵菌粉进行生物防治。

2. 蚜虫类 以槐蚜为主，多集中在叶片、嫩梢和花穗上。

防治方法：用 5% 的吡虫啉 2000～3000 倍液进行喷洒治疗，约每周 1 次，直到没虫为止。

【采收加工】

一、采收

黄芪以 3～4 年者采挖为好。采收时，先割除地上部分，然后将根部挖出。黄芪很深，采收时注意不要将根挖断，以免造成减产和商品质量下降。

二、产地加工

黄芪根挖出后去泥土，趁鲜去掉芦头和根须，然后进行晾晒。待晒至七八成干时，将根理顺直，扎成小捆，再晒至全干即可。可以趁鲜切片，片形应以圆片为宜，饮片厚度 2～4mm。

【贮藏】

置通风干燥处，防潮，防蛀。

【药材形态】

本品呈圆柱形，有的有分枝，上端较粗，长30～90cm，直径1.0～3.5cm。表面淡棕黄色或淡棕褐色，有不整齐的纵皱纹或纵沟。质硬而韧，不易折断。断面纤维性强，并显粉性，皮部黄白色，木部淡黄色，有放射状纹理和裂隙，老根中心呈枯朽状，黑褐色或呈空洞。气微，味微甘，嚼之微有豆腥气。

【成分含量】

本品含黄芪甲苷（$C_{41}H_{68}O_{14}$）不得少于0.040%，含毛蕊异黄酮葡萄糖苷（$C_{22}H_{22}O_{10}$）不得少于0.020%。

【等级规格】

特等：干货。呈圆柱形单条，斩去疙瘩头或喇叭头，顶端间有空心，表面灰白色或淡褐色。质硬而韧。断面外层白色，中间淡黄色或黄色，有粉性。味甘，有生豆气。长70cm以上，上部直径2cm以上，末端直径不小于0.6cm。无须根、老皮、虫蛀、霉变。

一等：干货。呈圆柱形单条，斩去疙瘩头或喇叭头，顶端间有空心，表面灰白色或淡褐色。质硬而韧。断面外层白色，中间淡黄色或黄色，有粉性。味甘，有生豆气。长50cm以上，上中部直径1.5cm以上，末端直径不小于0.5cm。无须根、老皮、虫蛀、霉变。

二等：干货。呈圆柱形单条，斩去疙瘩头或喇叭头，顶端间有空心，表面灰白色或淡褐色。质硬而韧。断面外层白色，中间淡黄色或黄色，有粉性。味甘，有生豆气。长40cm以上，上中部直径1cm以上，末端直径不小于0.4cm。间有老皮，无须根、虫蛀、霉变。

三等：干货。呈圆柱形单条，斩去疙瘩头或喇叭头，顶端间有空心，表面灰白色或淡褐色。质硬而韧。断面外层白色，中间淡黄色或黄色，有粉性。味甘，有生豆气。不分长短，上中部直径 0.7cm 以上，末端直径不小于 0.3cm。间有破短节子，无须根、虫蛀、霉变。

【传统炮制】

黄芪：除去杂质，大小分开，洗净，润透，切厚片，干燥。

炙黄芪：取黄芪片，照蜜炙法炒至不粘手。

—— 黄 芩 ——

【药用来源】

为唇形科植物黄芩 *Scutellaria baicalensis* Georgi. 的干燥根。

【识别要点】

多年生草本，茎基部伏地，上升，高 30～120cm。主根粗壮，略呈圆锥形，棕褐色，断面黄色。茎四棱形，基部多分枝。单叶对生，具短柄；叶片披针形，茎上部叶略小，全缘，上面深绿色，无毛或疏被短毛，下面有散在的暗腺点。总状花序顶生，花偏生于花序一边；花冠 2 唇形，蓝紫色。小坚果近球形，黑褐色，包围于宿萼中。花期 7～8 月，果期 8～9 月。

【适宜生境】

多生于山地或高山、高原等地，常见于海拔 700～1500m、温暖凉爽、半湿润半干旱的向阳山坡、林缘、路旁或草原等处，林下阴地不多见。在中心分布区常以优势种群与一些禾草、蒿类或其他杂草共生。常分布在中温带山地草原、半干旱地区，喜阳、喜温、抗严寒能力较强。适宜野生黄芩生长的气候条件一般为年平均气温 −4～−8℃，最适年平均温度为 2～4℃，成年植株的地下部分在 −35℃低温下仍能安全越冬，35℃高温不致枯死，但不能经受 40℃以上连续高温天气。年降水量要求比其他旱生植物略高，在 450～600mm。土壤要求不甚严格，中性或微酸性均可，并含有一定腐殖质层，在栗钙土和砂质土中生长良好。排水不良、易积水、过黏、过砂的土壤不宜栽培。

【栽种技术】

一、生长习性

黄芩多生于山地或高山、高原等地。喜阳光，抗寒能力强。黄芩在春季播种，地温 15～18℃时 10 天左右出苗，3～5 天出齐，于 6 月开花，花期长，可长达 3 个月之久，直至枯霜期。果实 8～9 月成熟，成熟期不一致。第 2 年 4 月中下旬返青，早春怕干旱，怕地内积水或雨水过多，生长发育过程与第 1 年基本相似。二年生、三年生开花期和结果期比一年生提前几天，植株高度、单株地上鲜重则逐年明显增高，根长、根粗和鲜根也逐年增加。二年、三年的黄芩商品性状好，为条芩，而生长四年以上者，虽地上植株生育和根系增重也有所增加，但根头中心部分易出现枯朽。

二、繁育方法

黄芩在生产上主要采用种子繁殖。选择 2～3 年的生长健壮、无病虫害的植株留种，8～9 月种子成熟，待果实呈淡棕色时采收，种子成熟期不一致，且极易脱落，需随熟随采，最后可连果枝剪下，晒干打下种子，去除杂质备用。

三、栽种方法

1. 土地整理

（1）种植地：宜选排水良好、阳光充足、土层深厚、肥沃疏松的沙质壤土，忌连作。翻地 35～40cm，结合翻地，每亩施腐熟厩肥或堆肥 2000kg 左右，或复合肥 25～30kg 作基肥；混匀、整平耙细、起垄做畦，畦高 20～30cm，畦宽 130～140cm，畦间距 40cm，畦长根据地势而定。

（2）苗床地：同上。

2. 播种

（1）种子处理：将种子按 200：1 的比例用 50% 多菌灵拌种，进行种子消毒。

（2）播种期：可在春、夏两季播种。北方春播，5cm 地温稳定在 15℃以上，4 月末至 5 月初播种；夏播 6～7 月雨季播种，利于出苗，但不宜过晚影响越冬。

（3）播种方法：一般采用条播，按行距 25～30cm 开 2～3cm 深的浅沟，将拌有肥料、农药的黄芩种子均匀撒入沟内，覆土 1cm 左右，耙平，稍加镇压，喷水，隔 10 天再喷洒 1 次水，保持地面湿润，15 天左右出苗。每亩用种量 1.5kg 左右。

3. 育苗移栽 育苗田每亩用种 8～10kg，春播于第 2 年春季萌芽前挖出，移栽至大田。4 月上旬土地化冻后，选取大小均匀、无病变的健壮一年生种苗，按行距 30cm，开深 15cm 左右栽植沟，将种苗按株距 10～12cm 均匀摆放在栽植沟内，覆 5cm 疏松软土并后轻压。如干旱要进行浇水，注意栽植过程中把老苗、小苗、病苗、分叉多的苗要剔除。

四、田间管理

1. 间苗定苗 种子直播者需要间苗定苗，待幼苗出齐，苗高 5cm 以后，结合田间除草分 2～3 次间去掉过密和瘦弱小苗，按株距 8～10cm 定苗。对缺苗部位进行带土移栽，栽后及时浇水，利于成活。

2. 除草 播种或移栽田，在出苗期都应保持土壤湿润，适当松土、除草。定植和间苗后视田间情况决定除草次数，一般要除草 3～4 次。

3. 追肥 定苗后结合降雨追肥 2 次，根据土壤肥力，每亩追施复合肥 20～30kg，加速幼苗生长。第 2 次在每年 6～7 月间是幼苗生长发育旺盛期，每亩追施有机肥 30～40kg，以促进后期生殖生长和根茎生长。留种田地于开花前多施追肥，促进花朵旺盛，结籽饱满。

4. 灌溉排水 黄芩苗期生长缓慢，根系浅，怕旱，所以苗期遇干旱 5～7 天浇 1 次透水。苗稍大之后，如不遇特别干旱，一般不再浇水，以利于蹲苗，促进根深扎。黄芩怕涝，雨季及时排除田间积水，避免烂根死苗，降低产量和品质。

5. 剪花枝 二年生的苗子在 4 月开始返青，6～7 月抽薹开花。若不需要采种，应在现蕾后、开花前，将花枝剪掉，减少养分消耗，促进根部生长，增加药材产量和质量。

【病虫防治】

一、病害

1. 叶枯病　主要危害主根。发病初期地上部分叶片正常，根部出现褐色病斑，其上长有灰白色菌丝体，后期主根皮层全部腐烂，植株枯死。

防治方法：选择地势高、通风好、土壤疏松的地块种植；与禾本科作物进行 3～4 年轮作；秋后清园，消灭越冬菌源，除净带病的枯枝落叶；及时挖除病株，并在病穴撒石灰粉消毒；发病初期用 50% 多菌灵 1000 倍液喷雾，每隔 7～10 天喷药 1 次，连续喷洒 2～3 次。

2. 根腐病　栽植 2 年以上者易发病，危害根部。受害植株根部呈现褐色病斑以致腐烂，全株枯死。

防治方法：雨季注意排水，田间通风透光，加强中耕除草，降低田间湿度；发病期用 50% 甲基托布津稀释 850 倍液和 25% 苯甲嘧菌脂乳油 1500 倍液进行浇灌。

二、虫害

1. 黄芩黄翅菜叶蜂　主要以幼虫蛀荚为害，也可食叶为害，是危害黄芩种子生产的最重要害虫，对黄芩种子生产造成严重威胁。

防治方法：在黄芩结荚初黄翅菜叶蜂开始产卵为害时，及时使用 5% 甲维盐乳油 3000 倍液，或 4.5% 高效氯氰菊酯乳油 1500 倍液，或 50% 辛硫磷乳油 1000 倍液喷雾进行防治。

2. 黄芩舞蛾　以幼虫为害叶片。幼虫叶背做薄丝巢内取食叶肉，仅留上表皮。

防治方法：秋后清洁田园，清除病残茎叶，消灭越冬虫源；发生虫害期用 4.5% 高效氯氰菊酯乳油 1500 倍液喷雾防治。

【采收加工】

一、采收

种子直播和分株繁殖的黄芩在栽后 2～3 年采收，种子育苗的黄芩在移栽后第2年即可采挖。秋后茎叶枯黄时，选择晴朗天气将根挖出，切忌挖断，采收根部，去掉附着的茎叶，抖落泥土，返回加工。

二、产地加工

新刨收的鲜根去掉杂质及泥沙等，晾晒半干，放于箩筐或桶中来回撞击，撞掉须根及老皮，继续晒干或烘炕全干后，再撞击至黄色。在晾晒的过程中，应避免因曝晒过度而使药材发红，同时还要防止被雨水淋湿。因受雨淋后，黄芩的根先变绿，最后发黑，影响药品质量。不要趁鲜切片，应蒸制后晾晒至四五成干切片，一般切制成2mm左右的片，否则饮片变绿而使有效成分含量降低。

【贮藏】

置通风干燥处，防潮。

【药材形态】

本品呈圆锥形，扭曲，长8～25cm，直径1～3cm。表面棕黄色或深黄色，有稀疏的疣状细根痕，上部较粗糙，有扭曲的纵皱纹或不规则的网纹，下部有顺纹和细皱纹。质硬而脆，易折断。断面黄色，中心红棕色；老根中心呈枯朽状或中空，暗棕色或棕黑色。气微，微苦。

栽培品较细长，多有分枝。表面浅黄棕色，外皮紧贴，纵皱纹较细腻。断面黄色或浅黄色，略呈角质样。味微苦。

【成分含量】

本品按干燥品计算，含黄芩苷（$C_{21}H_{18}O_{11}$）不得少于9.0%。

【等级规格】

1. 条芩规格标准

一等：干货。呈圆锥形，上部皮较粗糙，有明显的网纹及扭曲的纵纹。下部皮细有顺纹或皱纹。表面黄色或黄棕色。质坚脆。断面深黄色，上端中央有黄绿色或棕褐色的枯心。气微、味苦。条长10cm以上，中部直径1cm以上。去净粗皮。无杂质、虫蛀、霉变。

二等：干货。呈圆锥形，上部皮较粗糙，有明显的网纹及扭曲的纵纹。下部皮细有顺纹。表面黄色或黄棕色。质坚脆。断面深黄色，上端中央有黄绿色或棕褐色的枯心。气微、味苦。条长4cm以上，中部直径1cm以下，但不小于0.4cm。去净粗皮。无杂质、虫蛀、霉变。

2. 枯碎芩规格标准

统货：干货。即老根多为中空的枯芩和块片碎芩、破断尾芩。表面黄色或淡黄色。质坚脆。断面黄色。气微、味苦。无粗皮、茎芦、碎渣、杂质、虫蛀、霉变。

备注：条芩即枝芩、子芩，系内部充实的新根、幼根。枯芩系枯老腐朽的老根和破头块片根。

【传统炮制】

黄芩片：除去杂质，置沸水中煮10分钟，取出，闷透，切薄片，干燥；或蒸半小时，取出，切薄片，干燥（注意避免曝晒）。

酒黄芩：取黄芩片，照酒炙法炒干。

桔 梗

【药用来源】

为桔梗科植物桔梗 *Platycodon grandiflorum*（Jacq.）A. DC. 的干燥根。

【识别要点】

多年生草本，体内有白色乳汁，全株光滑无毛。根粗大，圆锥形或有分叉，外皮黄褐色。茎直立，有分枝。叶多为互生，少数对生，近无柄，叶片长卵形，边缘有锯齿。花单生于茎顶或数朵成疏生的总状花序；花冠钟形，蓝紫色，蓝白色，白色。蒴果卵形，熟时顶端开裂。花期 7～9 月，果期 9～10 月。

【适宜生境】

桔梗喜温暖、湿润、阳光充足的生长环境，能耐寒，怕积水，怕大风。在土壤深厚、疏松肥沃、富含腐殖质和有机质、排水良好的沙质壤土中植株生长良好，土壤水分过多或积水易引起根部腐烂。多生于海拔 1200m 以下的丘陵地带，气候条件为年均气温 9～14℃，年降雨量 900～1200mm，年均日照时数 1600h 以上，年均湿度 80%。

【栽种技术】

一、生长习性

桔梗为阳生植物，全生育期要求光照充足，怕积水，怕大风。适宜生长的温度为12～20℃，能忍受 -20℃低温。桔梗为深根性植物，桔梗苗高6cm以前，生长缓慢；苗高6cm以上至开花前的4～5月，生长加快；6～7月为生长旺盛期，开花后减慢；6月下旬至9月孕蕾开花，8月陆续结果，坐果率可达70%左右，果熟期不一致；11月中下旬植株地上部分枯萎。

二、繁育方法

选则生长健壮、无病虫害的二年生植株留种，8月下旬摘除留种株侧枝上的花序，使营养集中供给上中部果实，选择大而饱满、颜色油黑、发亮者作种。采收果实，堆放室内，后熟4～5日，晒干脱粒，簸去杂质，放阴凉干燥处备用。隔年陈种子发芽率低。

三、栽种方法

1. **选地** 桔梗在长江流域、华北、东北等地均可栽培。适宜种植于海拔1200m以下的丘陵地带，华南亚热带气候地区宜选择海拔800m以上的山区。

育苗地选择向阳避风的地方，施足基肥，精耕细耙，做成宽130cm、高30cm的苗床，长度依地段而定，畦土要松软细碎。

栽植地选择向阳背风的缓坡或平地，以土层深厚、富含腐殖质、疏松肥沃、地下水位低、排灌方便的沙质壤土作种植地为好。前茬作物以豆科、禾本科作物为宜。黏性土壤、低洼盐碱地不宜种植。

2. **土地整理** 种植前的头年冬天，深耕30～40cm，使土壤熟化，每亩施农家肥、草木灰等混合肥2000～2500kg或复合肥25～30kg作基肥；混匀、整平耙细、起垄做畦，畦高20～30cm，畦宽130～140cm，畦间距40cm，畦长根据地势而定。

3. **播种育苗** 桔梗的栽种方法有直播和育苗移栽。直播产量高于育苗移栽，且质量好，一般多采用。

（1）直播：可采用春播、夏播，春播在4月中旬至5月下旬，地温稳定在10℃以上时播种。生产上多采用条播，按行距20～25cm开深2～3cm的浅沟，将种子均匀撒于沟内；也可按1∶10比例将种子与细沙均匀混合后撒入沟内，覆土1～1.5cm压平，如干旱则5～7天浇1次透水，保持床面湿润，利于早出苗、苗全、苗齐。春播约20天出苗。每亩用种量1.5～2.0kg。

（2）育苗移栽：在苗床按行距15cm开2～3cm的浅沟条播，播深同上。每年4月播种。种子加草木灰拌均，均匀撒入沟内，覆盖肥土0.6～1cm，最后盖草保温保湿。春播后15～20天出苗，出苗后揭除盖草，苗高1.5cm时候间苗，拔除过密苗和细弱苗。苗高3cm时，按株距3～4cm定苗，以后加强管理，拔除杂草，保湿并适当施肥，苗高30cm时每亩追施复合肥20～30kg。培育1年后，第2年春季可移栽定植。

春栽一般在每年4月中旬至5月上旬栽种。栽前将种根挖起，按大、中、小分成三级，分开栽种。栽时在畦上按行距16～20cm开沟，深20cm，株距6cm，将主根垂直栽入沟内，切勿伤其须根，否则易生侧根，影响质量。栽后覆细土高于根头，稍压即可，浇足定根水。

四、田间管理

1.间苗、定苗、补苗　出苗期间注意松土除草，苗高3～5cm时进行第1次间苗，苗高7～8cm时进行定苗，以苗距8～10cm留壮苗1株。缺苗的地方间苗时结合补苗。

2.除草　生长期间应勤除杂草，播种当年结合间苗进行。第2年应进行2～3次，除草过程不要损伤根部。

3.打薹　一年生和二年生的非留种植株要进行打薹，二年生桔梗应只留1节粗壮地上茎，其余地上茎要除掉。

4.追肥　生长期间宜追肥2～3次，结合中耕进行。苗高30～40cm时每亩追施1次复合肥20～30kg，开花前每亩追施磷钾肥15kg，促进生殖生长。第2年春季4月结合除草每亩追施复合肥20～30kg，6月末至7月初每亩追施高钾型复合肥20kg左右，使用撒肥机进行追肥，施肥后浇足水。

5.除花　除留种田外，摘除花蕾，减少养分的消耗，使营养集中供应地下根，多采用收割机割花。

【病虫防治】

一、病害

1.根腐病　发病期为6～8月。在初期，根局部呈黄褐色而腐烂，以后逐渐扩大，发病严重时，地上部分枯萎而死亡。

防治方法：发病初期可用石灰、草木灰撒于地面或用波尔多液浇灌以防蔓延，30% 恶霉灵 1000 倍液和 25% 苯甲嘧菌脂乳油 1500 倍液进行浇灌，7 ~ 10 天 1 次。

2. 轮纹病 主要危害叶片，受害叶片病斑呈近圆形，直径 6 ~ 10mm，褐色，具同心轮纹，上生小黑点，严重时不断扩大成片，使叶片由下而上枯萎。

防治方法：发病初期喷 1 ∶ 1 ∶ 100 倍波尔多液或 50% 多菌灵 1000 倍液，7 ~ 10 天喷 1 次，连续喷药 3 ~ 4 次。

二、虫害

1. 拟地甲 主要危害桔梗根部。

防治方法：发生期用 50% 辛硫磷 1000 倍液喷杀。

2. 蝼蛄、地老虎、蛴螬 主要危害桔梗的茎基及根部。

防治方法：用 50% 辛硫磷乳剂 1000 倍液拌成毒土或毒沙撒施防治。

【采收加工】

一、采收

野生者秋季苗茎将枯死时采挖，栽培者 6 ~ 7 月采挖。要深挖，防止挖断主根或碰破外皮而影响桔梗药材质量。可先割去地上枯枝，再以锄头或犁翻，随后拾取根部。

二、产地加工

鲜根挖出后，去净泥土、芦头，浸水中用竹刀、木棱、瓷片等刮去栓皮，洗净。晒干或烘干。皮要趁鲜刮净，若放置时间过长，则根皮较难刮净。刮皮后应及时晒干，否则易发霉变质和生黄色水锈。刮皮时不要伤及中皮，以免内心黄水流出，影响质量。晒干时要经常翻动，使其干燥均匀，到近干时堆起来发汗 1 天，使内部水分转移至体外，再晒至全干。阴雨天可用火烘，烘至桔梗出水时出炕摊晾，待回润后再烘，反复烘至干。

【贮藏】

置通风干燥处，防蛀。

【药材形态】

本品呈圆柱形或略呈纺锤形，下部渐细，有的有分支，略扭曲，长7～20cm，直径0.7～2cm。表面淡黄白色至黄色，不去外皮者表面黄棕色至灰棕色，具纵扭皱沟，并有横长的皮孔样斑痕及支根痕，上部有横纹。有的顶端有较短的根茎或不明显，其上有数个半月形茎痕。质脆。断面不平坦，形成层环棕色，皮部黄白色，有裂痕，木部淡黄色。气微，味微甜后苦。

【成分含量】

本品含桔梗皂苷（$C_{57}H_{92}O_{28}$）不得少于0.10%。

【等级规格】

1. 南桔梗规格标准

一等：干货。呈顺直的长条形，去净粗皮及细梢。表面白色。体坚实。断面皮层白色，中间淡黄色。味甘、苦、辛。上部直径1.4cm以上，长14cm以上。无杂质、虫蛀、霉变。

二等：干货。呈顺直的长条形，去净粗皮及细梢。表面白色。体坚实。断面皮层白色，中间淡黄色。味甘、苦、辛。上部直径1cm以上，长12cm以上。无杂质、虫蛀、霉变。

三等：干货。呈顺直的长条形，去净粗皮及细梢。表面白色。体坚实。断面皮层白色，中间淡黄色。味苦。上部直径不低于0.5cm以上，长度不低于7cm。无杂质、虫蛀、霉变。

2. 北桔梗规格标准

统货：干货。呈纺锤形或圆柱形，多细长弯曲，有分枝。去净粗皮。表面白色或淡黄白色。体松泡。断面皮层白色，中间淡黄白色。味甘。大小长短不分，上部直径不低于 0.5cm。无杂质、虫蛀、霉变。

备注：①桔梗由于各产地规格等级不同，北桔梗主产于东北、华北等地。②家种桔梗须按照南桔梗标准收购。

【传统炮制】

桔梗：除去杂质，洗净，润透，切厚片，干燥。

金银花

【药用来源】

为忍冬科植物忍冬 *Lonicera japonica* Thunb. 的干燥花蕾或带初开的花。

【识别要点】

多年生半常绿木质藤本。茎中空，多分枝，老枝外表棕褐色，栓皮常呈条状剥离；幼枝绿色，密生短柔毛。叶对生，卵圆形至长卵圆形，全缘，嫩叶两面有柔毛，老叶上面无毛。花成对腋生，苞片叶状，卵形，2 枚；萼筒短小，顶端 5 齿裂；花冠初开时白色，有时稍带紫色，后渐变黄色，外被柔毛和腺毛，花冠筒细长，上唇 4 浅裂，下唇不裂，稍反转；雄蕊 5；雌蕊 1，花柱棒状，与雄蕊同伸出花冠外，子房下位。浆果球形，黑色。花期 5～7 月，果期 7～10 月。

【适宜生境】

生态适应性强，喜温耐寒，喜光，喜湿润，耐旱，耐涝，对土壤要求不严，山坡、沙滩、丘陵地都能生长。多栽于海拔 600～1200m 地形开阔、遮阴较少的地区。生长区环境的最适宜条件为：气温条件 12～25℃，年平均气温 10～14℃，全生育期≥0℃，无霜期 185 天，年日照时数 1800～1900 小时，日照时数在 7～8 小时 / 天；年降水量 750～800mm，空气相对湿度 65%～75%，湿润、肥沃、深厚、pH 5.8～8.5 的沙壤土。

【栽种技术】

一、生长习性

耐寒性强。在 −10℃、背风向阳、有一定湿度的情况下，叶子经冬不落；−20℃时能安全越冬，翌年正常开花；−5℃时植株就开始发芽生长，随温度升高生长速度加快；20～30℃为最适宜的生长温度。根系发达，十年生植株根平面分布直径可达 3～5m，深度 1.5～2m，主要根系分布在地表以下 0～15cm。植株在 4 月上旬至 8 月下旬生长最快，喜温耐寒，生态适应性较强，在 12～25℃的气温条件下都能生长，喜湿润，耐旱、耐涝，对土壤要求不严，在片麻岩、石灰岩、角砾岩地区，沙土、黏土上均能生长，尤以湿润、肥沃、深厚的沙壤土最适宜。

二、繁育方法

9 月中旬，种子成熟时选择健壮、饱满、色泽好的成熟浆果采摘，及时取出种子，以防霉烂。然后对种子进行消毒处理，再把种子倒入已堆好的河沙上，拌匀，堆成沙床，用农膜覆盖、压紧，防止风吹雨打，种子在膜内暴嘴后及时播入苗圃。播种前 1 个月对苗床进行翻耕、打床，将已暴嘴的种子均匀撒入床面，用河沙或沙土、锯末面等覆盖物盖严。然后用竹竿起拱搭篷，用农膜盖第一层，遮阳网盖第二层，种子在篷内 30 天左右发芽出土。苗子长到 10cm 时进行匀苗、间苗、定苗及排苗。排苗一般在次年 3～4 月，移栽时必须带土移栽，移栽后覆盖双层遮阳网，施足定根水，保持床内温湿度，7～10 天苗子成活后，拆去遮阳网。

扦插时间：春、夏、秋季均可。春季宜在发芽前，秋季于 9 月至 10 月中旬。空气及土壤湿度较大，扦插后成活率较高。插条的选择及处理：选 1～2 年生健壮、充实的枝条，截成长 30cm 的插条，每根至少有 3 个节位，将下端削成平滑斜面，上部留 2～4 片叶，用 500mg/L 的吲哚丁酸浸蘸下端斜面 7～10 秒，稍晾干后立即扦插。插条入土深度为插条的 1/2～1/3，再填细土，用脚踩紧，浇 1 次透水，保持土壤湿润，1 个月左右即可生根发芽。

三、栽种方法

选择阳光充足、土层30cm以上、水源较好、中壤至重壤质地的地块。对土壤进行翻耕、四沟配套，按同一方向开厢，宽1.8m，高0.3m，沟宽0.6m，平整厢面。按窝距1m、窝深0.5m、窝宽0.5m进行挖窝，每窝施腐熟农家肥2.5kg，或商品有机肥0.25kg，并覆土待栽。选择高50cm、分枝2个以上、茎基直径3mm以上的合格苗，每窝载4～5颗苗，移栽前用浓度500mg/L的生粉蘸根，边蘸边栽，可提高其成活率。苗木运输和存放过程中要求严禁“烧苗”现象，保持叶片的鲜活。

四、田间管理

栽后应选用0.14mm厚的地膜覆盖，根据床长确定地膜长短，每窝上地膜开口直径约0.5m，把种苗套入膜口并将地膜口及四周用力拉紧盖严。栽后应遮阳防晒5～7天，并根据天气情况补浇定根水1～2次，使根系土壤湿润，确保移栽成活。在移栽成活后第2年春季除草，追施农家肥，每年3～4次。加强肥水管理并进行修剪整形，待主枝长30cm时进行摘心并立杆辅助主枝的形成，促进一级侧枝生长，待一级侧枝长30cm后进行摘心以促进二级侧枝，逐年修剪形成拱圆形花墩。

【病虫防治】

一、病害

1. 褐斑病　叶部常见病害，造成植株长势衰弱。多在生长后期发病，8～9月为发病盛期，在多雨潮湿的条件下发病重。发病初期在叶上形成褐色小点，后扩大成褐色圆病斑或不规则病斑。病斑背面生有灰黑色霉状物，发病重时，能使叶片脱落。

防治方法：发病初期及时摘除病叶，结合修剪整枝，将病枝落叶集中烧毁；加强田间管理，及时排除田间积水，清除植株周围杂草，通风透光；增施有机肥，提高植株的抗病能力；发病前喷施1∶1∶100倍的波尔多液预防；发病初期喷施70%代森锰锌800倍液，每隔7～10天喷1次，共喷2～3次。

2. 白粉病　危害金银花叶片和嫩茎。叶片发病初期，出现圆形白色绒状霉斑，后不断扩大，连接成片，形成大小不一的白色粉斑，最后引起落花、凋叶，使枝条干枯。

防治方法：合理修剪，避免枝梢拥挤，使树冠内膛通风透光；春季萌芽前，在树冠喷施波美 3～5 度石硫合剂；萌芽后喷施波美 0.3～0.5 度石硫合剂或 200 倍的农抗 120。

3. 根腐病 主要危害幼苗，成株期也能发病。发病初期，仅仅是个别支根和须根感病，并逐渐向主根扩展。主根感病后，早期植株不表现症状，后随着根部腐烂程度的加剧，吸收水分和养分的功能逐渐减弱，地上部分因养分供不应求，在中午前后光照强、蒸发量大时，植株上部叶片才出现萎蔫，但夜间又能恢复。病情严重时，萎蔫状况在夜间也不能恢复。此时，根皮变褐，并与髓部分离，最后全株死亡。

防治方法：改良土壤，及时排水。一般随着种植年限的增加，植株发病量有增多的趋势，应改变不良施肥习惯，及时防治地下害虫。在发病初期用 2% 农抗 120 水剂 100mg/kg，或 50% 托布津 1000 倍液，每 15 天喷药 1 次，连续喷 3～4 次；或用恶霉灵和福美双灌根。

二、虫害

1. 蚜虫 主要危害叶片、嫩枝，引起叶片和花蕾卷曲，生长停止，产量锐减。4～6 月虫情较重，立夏前后，特别是阴雨天，蔓延更快。

防治方法：用 10% 吡虫啉 3500～5000 倍液或 50% 抗蚜威 1500 倍液喷雾。

2. 红蜘蛛 红蜘蛛多群集于金银花叶片背面为害。以口器刺入叶片内吮吸汁液，使叶绿素受到破坏，叶片出现灰黄色斑点、卷缩，严重时叶片枯黄、脱落。

防治方法：发芽前喷施 3～5 度的石硫合剂，消灭越冬成螨；4 月底至 5 月初喷施 0.3～0.5 度的石硫合剂防治第一代虫螨；5 月底至 6 月初喷施 1.8% 阿维菌素乳油 3000～4000 倍液；6 月下旬至 7 月叶面喷施 1.8% 阿维菌素乳油 3500～5000 倍液。

3. 棉铃虫 主要取食金银花花蕾，每头棉铃虫幼虫一生可食 10 个到上百个花蕾，不仅影响品质，而且容易脱落，严重影响产量。该虫每年4代，以蛹的形式在5～15cm土壤内越冬。

防治方法：可使用黑光灯诱杀成虫；6月中下旬喷施BT 400～500倍液；7月后每隔15天左右喷药1次，喷施BT可湿性粉剂1000倍液或2.5％烟碱苦参碱水剂1000倍液。金银花采收前10天停止用药。

【采收加工】

一、采收

一般于5月中下旬采摘第1茬花，隔1个多月后陆续采第2、3、4茬。采收期必须在花蕾尚未开放之前。当花蕾由绿变白、上部膨大、下部为青色时，采摘的金银花称“二白花”；花蕾完全变白时采收的花称为“大白针”。一天之内，以清晨至上午9点前采收的花蕾最好。

二、产地加工

1. 日晒、晾凉法 金银花采下后应立即晾干或烘干，以当天或2天内晒干为好。当天为晒干，夜间将花筐架起，留出间隙，让水分散失。初晒时不能任意翻动（尤其不可用手），以免花色变黑。

2. 烘干法 若遇到阴雨天气应及时烘干。因烘干不受外界天气影响，容易掌握火候，比晒干的成品率高，质量好。一般烘12～20小时可全部烘干，烘干时不能用手或其他东西翻动，否则易变黑，未干时不能停烘，停烘时会引起发热变质。

3. 炒鲜处理干燥法 把适量鲜品放入干净的热汤锅中，随即均匀地轻翻轻炒，至鲜花均匀萎蔫，取出晒干、烘干或置于通风处阴干。炒时必须严格控制火候，勿使焦碎。

4. 蒸汽处理干燥法 将鲜花疏松地放入蒸笼内，蒸3～5分钟，取出晒干或烘干。用蒸汽处理时间不宜过长，以防鲜花熟烂，改变性味。此法增加花中水分含量，要及时晒干或烘干，若是阴干，成品质量较差。

【贮藏】

置阴凉干燥处，防潮，防蛀。

【药材形态】

本品呈棒状，上粗下细，略弯曲，长2～3cm，上部直径约3mm，下部直径约1.5mm。表面黄白色或绿白色（贮久颜色渐深），密被短柔毛。偶见叶状苞片。花萼绿色，先端5裂，裂片有毛，长约2mm。开放者花冠筒状，先端2唇形；雄蕊5，附于筒壁，黄色；雌蕊1，子房无毛。气清香，味淡、微苦。

【成分含量】

本品含绿原酸（$C_{16}H_{18}O_9$）不得少于1.5%，木犀草苷（$C_{21}H_{20}O_{11}$）不得少于0.050%。

【等级规格】

一等：干货。花蕾呈棒状，上粗下细，略弯曲。表面浅黄绿色或黄白色，花冠厚质稍硬，握之有顶手感。气清香，味甘微苦。无开放花朵，破裂花蕾及黄条不超过5%。无黑条、黑头、枝叶、杂质、虫蛀、霉变。

二等：干货。花蕾呈棒状，上粗下细，略弯曲。表面黄棕色或棕色，花冠厚质硬，握之有顶手感。气清香，味甘微苦。黑头、黄条、破裂花蕾及开放花朵不超过30%，枝叶不超过3%。无虫蛀、霉变、杂质。

【传统炮制】

金银花：取原药材，拣去残留梗、叶及杂质，筛去灰屑，干燥。

—— 苦 参 ——

【药用来源】

为豆科植物苦参 *Sophora flavescens* Ait. 的干燥根。

【识别要点】

灌木。奇数羽状复叶；托叶线形；小叶片 11 ~ 25，长椭圆形或长椭圆状披针形，上面无毛，下面疏被柔毛。总状花序顶生；花萼钟状，先端 5 裂；花冠蝶形，淡黄色；雄蕊 10，离生，仅基部联合。荚果线形，于种子间稍缢缩，略呈念珠状，熟后不裂。花期 5 ~ 7 月，果期 8 ~ 9 月。

【适宜生境】

苦参适应性强，分布广，我国从北到南均有分布。喜温和高燥热气候环境，耐寒，可耐受 −30℃以下的低温，亦耐高温。生于山坡草地、平原、丘陵、路旁、向阳沙壤地。苦参属深根系植物，以土壤疏松、土层深厚、排水良好的沙质壤土为宜。喜肥但耐盐碱。怕涝害，忌在土质黏重、低洼积水地种植。生于 200 ~ 2500m 的向阳山坡或荒地，也生于灌木丛、河滩变的沙质土或红壤土中。

【栽种技术】

一、生长习性

苦参是深根系作物，一般选择地下水位低、肥沃、土层深厚的坡地或丘陵地。对土壤要求不严，可在一般的沙壤土或有机质含量高的壤土、排水良好的地块种植。

二、繁育方法

苦参的繁殖方法主要是种子繁殖和分根繁殖。在种子繁育地中选择健壮的植株采种，从第 2 年开始采收。10 月中下旬种荚外皮变黑褐色时分批采收。种荚采收后，在场地上晾晒 2 ~ 3 天后脱粒，除去杂质、瘪粒和受损种子。将种子装入布袋放置在通风、干燥的室内贮藏。

三、栽种方法

1. 土地整理 宜选择在土层深厚、疏松肥沃、地下水位低、排灌方便的砂质土壤栽培。前茬以禾本科作物为宜。每亩施入充分腐熟的农家肥 2500 ~ 3000kg，捣细撒匀，深翻 40cm 以上，以秋翻、秋起垄或作畦为宜。垄距 60cm，做 130cm 高畦，畦沟宽 40cm。

2. 播种

（1）种子直播

①种子处理：用 40 ~ 50℃温水浸种 10 ~ 12 小时，取出后稍沥干即可播种；也可用湿沙层积处理（种子与湿沙按 1∶3 混合）20 ~ 30 天再播种。播种期一般在 4 月中旬至 5 月上旬。

②播种方法：在整好的高畦上，按行株距（40 ~ 50）cm×（20 ~ 30）cm，开深 10cm 的穴，每穴播种 4 ~ 5 粒处理好的种子，用细土拌草木灰覆盖 3cm，保持土壤湿润，15 ~ 20 天出苗。苗高 5 ~ 10cm 时间苗，每穴留壮苗 2 ~ 3 株。

（2）育苗移栽：行距 20 ~ 30cm 开沟，沟深 2 ~ 3cm，将种子撒入沟内，覆土浇水，培育 1 年后，于第 2 年春季萌芽前移栽。行株距（40 ~ 50）cm×（20 ~ 30）cm。

四、田间管理

1. 除草 当苗高 5cm 时进行除草，在封行前进行 3 次，每半个月 1 次。第 1 次要浅松土，逐渐加深；第 3 次要深并培土防止倒伏。保持田间无杂草和土壤疏松湿润，以利于苦参生长。

2. 间苗、补苗 结合除草进行间苗，第 1 次除草，去弱苗，留壮苗。第 2

次除草定苗，每穴留 2～3 株。如有缺苗，用间下的苗选壮者补苗。

3. 追肥 在施足基肥的基础上，每年追肥 2 次；第 1 次在 5 月中下旬进行，每亩施氮素化肥 15kg；第 2 次在 8 月上中旬进行，以磷、钾肥为主，每亩施高钾复合肥 20～30kg。贫瘠的地块要适当增加施肥次数。

4. 灌溉排水 天旱的时候施肥后要及时灌溉，5～7 天浇 1 次透水，保持土壤湿润。雨季要注意防涝，防止田间积水烂根。

5. 摘花薹 当 6 月抽薹时，除留种的植株外，要及时摘除花薹，以免消耗养分而不利于增产。

【病虫防治】

一、病害

根腐病 常在高温多雨季节发生，病株先根部腐烂，继而全株死亡。

防治方法：及时拔除病株，病穴用石灰水消毒；发病初期用枯草芽孢杆菌（每克 10 亿活芽孢）500 倍液灌根；播种前每亩用 50% 多菌灵可湿性粉剂 1kg 处理土壤；发病初期用 30% 恶霉灵和 25% 咪鲜胺按 1∶1 复配 1000 倍液，或 50% 多菌灵 500 倍液，或 75% 代森锰锌络合物 800 倍液，或 3% 广枯灵（恶霉灵＋甲霜灵）600～800 倍液等喷淋或灌根。一般 7～10 天淋灌 1 次，视病情一般喷灌 3 次左右。

二、虫害

1. 钻心虫 钻心虫属鳞翅目螟蛾科，从地上茎的近地面 3～17cm 处钻蛀，先向上蛀食约 1.8cm 后，顺苦参髓部向下为害，秋末冬初幼虫在茎秆中钻蛀地面下 4～6cm 深处，以老熟幼虫在地中茎或芦头内越冬，在 7 月上中旬羽化产卵钻蛀。

防治方法：幼虫孵化期用植物源杀虫剂喷雾防治，可用 0.3% 苦参碱乳剂 800～1000 倍液，或 1.5% 天然除虫菊素 1000 倍液，或 0.3% 印楝素 500 倍液，或 2.5% 多杀霉素悬浮剂 1000～1500 倍液；在 7 月上旬产卵孵化和钻蛀前用药，可用菊酯类（4.5% 氯氰菊酯 1000 倍液、2.5% 联苯菊酯乳油 2000 倍液等），或 20% 氯虫苯甲酰胺 3000 倍液，或 0.5% 甲氨基阿维菌素苯甲酸盐 1000

倍液，或 50% 辛硫磷乳油 1000 倍液等喷雾防治。

2. 食心虫　食心虫主要蛀食苦参种子，属鳞翅目蛀果蛾科，在表土中越冬。在 7 月上中旬羽化产卵钻蛀。

防治方法：同钻心虫。

【采收加工】

一、采收

播种 2～3 年后的 8～9 月茎叶枯萎后，或 3～4 月出苗前采挖根部。因为根扎得深，所以应深挖，注意不要挖断，也可以用深犁翻收。

二、产地加工

将收回的苦参根根据根条的长短分别晾晒，除去芦头和须根，洗净泥沙，晒干或烘干即成。切记不要趁鲜切片。由于饮片直径较大，趁鲜切片晒干后容易造成片心脱落。加工时应及时更换刀片或磨刀，否则造成饮片价值降低。

【贮藏】

置干燥处。

【药材形态】

本品呈长圆柱形，下部常分枝，长 10～30cm，直径 1～6.5cm。表面灰棕色或棕黄色，具纵皱纹和横长皮孔样突起，外皮薄，多破裂反卷，易剥落，剥落处显黄色，光滑。质硬，不易折断，断面纤维性。切片厚 3～6cm。切面黄白色，且放射状纹理和裂隙，有的具异性维管束呈同心性环列或不规则散在。气微，味极苦。

【成分含量】

本品含苦参碱（$C_{15}H_{24}N_2O$）和氧化苦参碱（$C_{15}H_{24}N_2O_2$）的总量不得少于 1.2%。

【等级规格】

苦参：本品为豆科植物苦参的干燥根。

统货：干货。本品符合苦参性状特征，且少破碎。无杂质、虫蛀、霉变。

【传统炮制】

苦参：除去残留根头，大小分开，洗净，浸泡至约六成透时，润透，切厚片，干燥。

苦杏仁

【药用来源】

蔷薇科植物山杏 *Prunus armeniaca* L.var.ansu Maxim.、西伯利亚杏 *P.sibirica* L 东北杏 *P.mandshurica*（Maxim.）Koehne 或杏 *P.armeniaca* L. 的干燥成熟种子。

【识别要点】

山杏：为乔木，高达 10m。叶互生，宽卵形或近圆形，先端渐尖，基部阔楔形或截形，叶缘有细锯齿；先叶开花，花单生于短枝顶，无柄；萼筒钟形，带暗红色，5 裂，裂片比萼筒稍短，花后反折；花瓣 5，白色或淡粉红色；雄蕊多数比花瓣略短；子房 1 室，密被短柔毛。核果近球形，果肉薄，种子味苦。花期 3 ~ 4 月，果期 4 ~ 6 月。

西伯利亚杏：为小乔木或灌木，叶卵形或近圆形；小花；果肉薄，质较干，种子味苦。

东北杏：为乔木，叶椭圆形或卵形，先端尾尖，基部圆形，很少近心形，边缘具粗而深的重锯齿，锯齿狭而向上弯曲；花梗长于萼筒，长 1cm，无毛；核边缘圆钝，种子味苦。

【适宜生境】

主要生长在海拔 400 ~ 2000m 的干燥、向阳山坡上。适宜丘陵草原的灌木丛或杂木林中，对土壤要求不严，但以排水良好且土层深厚的沙壤土为好。

【栽种技术】

一、生长习性

喜冷凉干燥气候，抗盐碱，耐旱，耐瘠薄，抗寒。夏季在44℃高温下生长正常；在−40℃的低温下也可以安全越冬。可栽种于平地或坡地，对土壤要求不高，但在壤土深厚、疏松肥沃、排水良好的土壤中生长最好。

二、繁育方法

繁育方法有种子繁殖和嫁接繁殖。采摘成熟果实，搓去果肉，大粒每50kg出种子5～10kg，小粒每50kg出8～15kg，种子纯度为98%，发芽率为85%，以湿沙混合进行沙藏。

三、栽种方法

1. 种子繁殖 春播于4月下旬，秋播于10月上旬。常按株距10～15cm进行大垅播种，每垅播种1行，点播，每穴1粒种子，播后覆5～6cm厚的土层（约为种子直径的3倍），镇压。培植苗2年移栽，秋季落叶后早春萌发前，按行株距3m×（2～3）m开穴，穴底要平，施基肥1层，每穴栽种1株，填土踏实，浇足定根水。

2. 嫁接繁殖 砧木用杏播种的实生苗或山杏苗，枝接于3月下旬，芽接于7月上旬至8月下旬进行。

四、田间管理

1. 间苗 幼苗出现3～4片叶时进行疏苗，2～3周后进行2次间苗。

2. 灌溉排水 及时灌水，防止风吹伤根，遇天气干旱酌情灌水，7～8月雨季注意排涝。

3. 施肥 在幼芽萌发前与幼果生长期间各追施速效肥1次，每年每株成年树可施肥0.25kg，然后灌水。每年冬季在植株附近开沟环施追肥，用农家肥、过磷酸钙、腐熟饼肥等。

4. 修剪 苗高达45cm，可在芽接前摘去嫩尖。冬季11月至翌年3月进行修剪，剪枝时注意新树和老树修剪的重点不一样，丰产树改善枝组的光照条件，疏去重叠枝、交叉枝、内膛枝。老树增加壮枝恢复树势。

【病虫防治】

一、病害

杏疔叶斑 被害新鞘生长停滞，节间缩短，叶片呈簇生状。病叶最初一部分呈黄色，以后渐渐增厚，从叶柄开始，沿叶脉进展，最后全叶变黄增厚，至如皮革，比普通叶片约厚4至5倍，病叶两面散生许多小红点，遇雨或潮湿，从其中涌出橘红色黏液。病叶叶柄基部肿胀，两个托叶上有小红点，后期病叶渐渐干枯，变为褐色，质地硬化，畸形并卷折，最后变黑，背部散生小黑点，病叶挂在树上越冬，不易脱落。

防治方法：春季发芽前喷波美5度石硫合剂，展叶时喷波美0.3度石硫合剂。

二、虫害

杏象鼻虫 成虫为害叶片，被害叶片的边缘呈缺刻状。幼果受害后果面出现不正常的凹入缺刻，严重时将引起落果。

防治方法：用菊酯类（4.5％氯氰菊酯1000倍液、2.5％联苯菊酯乳油2000倍液等）喷雾。

另有袋蛾、天牛等为害。利用农闲季节进行树干涂白，刮树皮是降低虫口密度的有效方法。

【采收加工】

夏季果实成熟后采收，除去果肉后，收集果核，破壳取仁即得。

【贮藏】

置阴凉干燥处，防蛀。

【药材形态】

本品呈扁心形，长1～1.9cm，宽0.8～1.5cm，厚0.5～0.8cm。表面黄棕色至深棕色。一端尖，另一端钝圆、肥厚，左右不多称，尖端一侧有短线形种脐，圆端合点处向上具多数深棕色的脉纹。种皮薄，子叶 2，乳白色，富油性。气微，味苦。

【成分含量】

本品含苦杏仁苷（$C_{20}H_{27}NO_{11}$）不得少于 3.0%。

【等级规格】

统货：干货。符合苦杏仁性状特征，核壳不超过 3%，破碎仁不超过 10%。无杂质、虫蛀、霉变。

【传统炮制】

苦杏仁：用时捣碎。

炒苦杏仁：取苦杏仁，照清炒法炒至黄色，用时捣碎。

连 翘

【药用来源】

为木犀科植物连翘 *Forsthia suspensa*（Thunb.）Vahl 的干燥果实。

【识别要点】

落叶灌木，高 2～4m，枝条常下垂，略呈四棱形，髓中空。单叶对生，卵形至长椭圆状卵形，边缘有不规则锯齿。花先叶开放，1 至数朵，腋生，金黄色；花萼 4 裂，裂片与花冠筒约等长，花冠钟状，上部 4 裂；雄蕊 2，着生花冠筒基部；子房 2 心皮合生，柱头 2 裂；蒴果狭卵形，2 瓣裂，表面散生瘤点。种子多数，棕色。花期 3～5 月，果期 7～8 月。

【适宜生境】

连翘喜温暖湿润、光照充足的环境，适应性很强，对土壤、气候的要求不严，在腐殖土及沙砾土中都可以生长。在阳光不足处，茎叶仍然可以生长旺盛，只是结果较少。野生连翘多生于阳光充足半阳半阴的山坡。

【栽种技术】

一、繁育方法

1. 种子繁殖

（1）苗圃选择：宜选择背风向阳、土层在 30cm 以上、疏松肥沃、近水源的沙质壤土地；每亩施充分腐熟的厩肥 2200～3000kg 做为基肥。

（2）苗床准备：深翻 30cm 左右，整平耙细做成宽 1.2 ~ 1.3cm、高 15cm 的畦；若为丘陵地，可沿等高线做梯田栽植；山地采用梯田、鱼鳞坑等方式进行土地整理。

（3）播种期：多在惊蛰前后进行播种。

（4）播种方法：分春播和秋播两种，主要采用条播。用水浸泡种子 1 ~ 2 天，然后稍晾干，备用。在整好的苗床上按行距 20 ~ 24cm 开深 3.5 ~ 5cm 的浅沟，均匀撒入种子，薄覆细土，略加镇压，盖草。播后要保持土壤湿润，适当浇水。一般春播 15 ~ 20 天出苗，齐苗后揭去盖草；秋播者第 2 年春季地温回升至 7 ~ 10℃时开始逐渐出苗。一般出苗率可达 40% ~ 50%。

2. 分株培育

连翘萌发力较强。在秋季落叶后或春季萌芽前，选择生长健壮、无病虫害的优良植株，挖取植株周围的根蘖苗，进行定植；按行距 2m × 1.5m 挖穴（220 株 / 亩），穴径和深度各 70cm，先将表土填入坑内达半穴时，再施入适量厩肥（每穴约 5kg），与底土混拌均匀；然后每穴栽苗 1 株，分别填土踩实，使根系舒展。栽后浇水，水渗入后，盖土高出地面 10cm 左右，以利保墒。

3. 压条繁殖

春季选择生长健壮、枝条节间短而粗壮、花果着生密而饱满、无病虫害的优良植株，将下垂的枝条弯曲并刻伤后埋入土中，地上部分可用木杈固定，覆细肥土，踏实，使其在刻伤处生根；当年冬季至翌年春季，将幼苗截离母株，连根挖取，移栽定植。

二、栽种方法

1. 土地整理　多在冬季冰冻前进行土地整理，使土壤充分熟化。先将表土填入坑内达半穴时，再施适量厩肥（每穴约 5kg），与底土混拌均匀。

2. 定植　春秋两季均可定植，以春季为好。春分后气温回升，定植容易成活；秋季则以立秋至秋分前后进行较好，宜选阴天起苗定植。起苗前，剪去地上多余的枝条，保留 3 ~ 4 节的枝条。起苗后用黄泥浆蘸根，每穴 1 株苗，分层填土踏实，使根系舒展，栽后浇定根水。每亩栽种 200 ~ 300 株。

三、田间管理

1. 苗期管理 苗高 7～10cm 时进行第 1 次间苗，按株距 5cm 左右为准，拔除生长细弱的密苗。当苗高 15cm 左右时进行第 2 次间苗，按株行距 7～10cm 去弱留强，留壮苗 1 株。苗床管理要保证及时除草和追肥，比如可喷洒 0.5% 尿素水溶液进行根外追肥，苗株培育 1 年，当苗高 50cm 以上时即可出圃定植。

2. 除草 定植后每年要除草 1～2 次，防止杂草与连翘争水争肥，影响连翘的生长发育。

3. 施肥 苗期勤施薄肥，按每亩 10～15kg 施碳酸铵；定植后，每年冬季结合松土除杂施肥，按幼树每株 2kg，结果树每株 10kg，施入土杂肥和腐熟厩肥或饼肥；距茎 20cm 左右四周挖穴或顺根开沟，施肥后覆盖，壅根培土，以促幼树生长健壮而多开花结果。

4. 灌水与排水 没有灌溉条件的地方，如山区造林，以水土保持工程为主。要搞好土壤改良工作，修筑塘坝、小水库，拦蓄山坡径流，创造条件引水进行灌溉。此外也要设置好排水渠，以便雨大时能及时排水。因连翘最怕水淹，尤其雨季要及时排水，以免积水烂根。

5. 整形修剪 定植后，在幼树高达 1m 左右时进行整形，于冬季落叶后在离地面 30～40cm 处剪去顶梢，再于夏季多发分枝时，在不同的方向选择 3～4 个发育充实的侧枝做主枝培育，以后在主枝上再选留 3～4 个壮枝，培育成为副主枝，在副主枝上，放出侧枝，通过几年的整形修剪，使其形成低干矮冠；同时要注意修枝，每年冬季将枯枝、重叠枝、交叉枝、纤弱枝以及徒长枝和病虫枝剪除，生长期还可进行疏删短截。每次修剪之后，每株施入过磷酸钙 200g、火土灰 2kg、尿素 100g、饼肥 250g，于树冠下开环状沟施入，施后盖土，培土保墒。对已开花结果多年、开始衰老的结果枝群也要进行短截或重剪，即剪去枝条的 2/3，可促使剪口以下抽生壮枝，恢复树势，提高结果率。

【病虫防治】

1. **钻心虫** 主要是幼虫危害茎枝的髓部。受害部位不能正常生长而终致枯萎。

防治方法：用药棉蘸 50% 的辛硫磷原液堵塞蛀孔毒杀；虫卵孵化期喷 50% 的辛硫磷乳油 1000 ~ 2000 倍液，5 ~ 7 天喷 1 次，连喷 2 ~ 3 次；将受害枝剪掉及时烧毁；可用紫光灯诱杀钻心虫的成虫。

2. **蜗牛** 主要危害花及幼果。

防治方法：在植株周围撒石灰粉或人工捕杀。

【采收加工】

一、采收

定植 2 ~ 3 年开花结果。9 月上旬采摘尚未完全成熟的青色果实或者 10 月上旬采收熟透但未开裂的黄色果实。

二、产地加工

将采回的果实晒干，除去杂质，筛去种子，再晒至全干即成，分为青翘、黄翘、连翘芯 3 种。青翘为 9 月上旬前采收的未成熟的青色果实，用沸水煮片刻或蒸笼蒸半小时，取出，晒干即成。黄翘为 10 月上旬采收的熟透的黄色果实，晒干即成。连翘芯为果壳内种子，筛出晒干即可。

【贮藏】

置于通风、避光、干燥处。

【药材形态】

本品呈长卵形至卵形，稍扁，长 1.5 ~ 2.5cm，直径 0.5 ~ 1.3cm。表面有不规则的纵皱纹和多数突起的小斑点，两面各有 1 条明显的纵沟。顶端锐尖，基部有小果梗或已脱落。青翘多不开裂，表面绿褐色，突起的灰白色小斑点较少；质硬；种子多数，黄绿色，细长，一侧有翅。老翘自顶端开裂或裂成两瓣，表面黄棕色或红棕色，内表面多为浅黄棕色，平滑，具 1 纵隔；质脆；种子棕色，多已脱落。气微香，味苦。

【成分含量】

本品含连翘苷（$C_{27}H_{34}O_{11}$）不得少于 0.15%，含连翘酯苷 A（$C_{29}H_{36}O_{15}$）不得少于 0.25%。

【等级规格】

1. 青翘

统货：干货。呈长卵形或卵形，两端狭长，多不开裂。表面青绿色或绿褐色，有 2 条纵沟。质坚硬。气芳香、味苦。间有残留果柄。无枝叶及枯翘、杂质、霉变。

2. 黄翘

统货：干货。呈长卵形或卵形，两端狭尖，多分裂为两瓣。表面有 1 条明显的纵沟和不规则的纵皱纹及凸起小斑点，间有残留果柄。表面棕黄色，内面浅黄棕色，平滑，内有纵隔。质坚脆。种子多已脱落。气微香，味苦。无枝梗、种籽、杂质、霉变。

备注：青翘只在山西省采收供应。黄翘产于河南、陕西等地，应防止抢青采收。

【传统炮制】

连翘：除去杂质、晒干。

—— 牛 膝 ——

【药用来源】

为苋科植物牛膝 *Achyranthes bidentata* Bl. 的干燥根。

【识别要点】

多年生草本，根细长。茎四棱形，节略膨大。叶对生，叶片椭圆形或椭圆披针形，全缘，两面被柔毛。穗状花序顶生及腋生，花向下折贴近总花梗；苞片 1，膜质宽卵形，先端突尖；小苞片 2，尖刺状，基部两侧各具卵状小裂片；花被片 5，绿色；雄蕊 5，退化雄蕊顶端齿形或浅波状；子房长椭圆形。胞果长圆形，果皮薄，包于宿萼内。花期 7～9 月，果期 9～10 月。

【适宜生境】

牛膝喜温暖、干燥、阳光充足的气候环境，不耐严寒，气温在 −17℃以下时会发生冻害，忌潮湿。野生于海拔 1500m 以上的高山地区。栽培则适宜选疏松、肥沃的沙质壤土。

【栽种技术】

一、生长习性

牛膝为深根系植物，主根越粗壮，药材品质越优良。当牛膝开花结果后，根部木质化，作为药用则品质差。苗期及根部膨胀期需要湿润的生长环境，其他生长期则要求干燥的生长环境，若湿度过大会引起植株徒长，根部生长缓慢，甚至烂根现象。牛膝在土层深厚、疏松肥沃、排水良好的沙质壤土中生长较好，忌盐碱地和低洼地。对前茬作物要求不严，但忌连作，不能在一块土地上连种。

二、繁育方法

牛膝的繁殖主要是用种子和根茎进行。用种子繁殖，应选择生长健壮、叶圆肥大、苗高适中、无病虫害的3年生植株留种，种子成熟时割下果枝，晒干，脱种备用。用根茎繁殖，应在采收药材时选主根大、侧根少、芦头不超过3个、根条长、粗细均匀、颜色较白者移栽，或窖藏后于翌年春季栽种，栽种行株距为40cm×30cm。因根茎繁殖太慢，多不采用，常采用种子繁殖。

三、栽种方法

1. **选地** 宜选土层深厚、土质肥沃、富含有机质的沙质壤土地或排水良好的坡地或丘陵地带，平原则可选择在水位低的土地栽种。

2. **土地整理** 在山区栽种时应于上冻前将地深翻30～35cm，拣去草根、石块等物，使土壤充分风化，待到第2年春天种植；平原种植时将选好的土地在头年秋后深翻30～35cm，待第2年春天，施足底肥，平整作畦，以备播种。土地整理时根据土壤的肥力情况施足底肥，一般每亩约施用腐熟的农家肥3000kg。

3. **播种环境** 温度在15～30℃时，种子即可正常发芽，播种期一般在谷雨前后，因地区不同而有差异，北方宜早，南方宜迟。播种方法有撒播、条播和穴播。

（1）条播：按行距30～35cm开深2cm左右的沟，均匀撒种，覆土镇压，厚度以不露种子为度。每亩用种子1.2～1.5kg，适宜条件下15～20天出苗。

（2）撒播：先将种子均匀撒在畦内，用耙子轻耙表土，使种子入土，随后轻压一遍，再覆少量细湿土。每亩播种量0.6～1kg。

（3）穴播：山区种植，可挖穴点播，穴深3cm，直径30cm，内撒草木灰，与土拌匀。每穴播种子10～15粒，用土覆盖。

四、田间管理

1. **间苗、定苗** 苗高3～4cm时，按株距6～7cm进行间苗。苗高

10～12cm 时，按株距 15cm 左右定苗。

2. 除草　除草一般 2～3 次，在间苗和定苗时进行，中耕宜浅。苗高 3cm 左右时，进行第 1 次除草，以后视杂草滋生情况再除草 1～2 次。封行后则基本不用再进行除草。

3. 追肥　牛膝生长一般追肥 2～3 次。第 1 次于定苗后，应以氮肥为主，配施钾肥，每亩可施腐熟粪水 1600～2000kg 或硫铵 12～15kg，同时追施硫酸钾 6～10kg；第 2 次于打顶后，应以磷肥为主，磷氮结合，每亩追施腐熟粪水 2000kg 加过磷酸钙 50kg，或追施磷酸二铵 5～7kg 和硫酸铵 8～10kg；在南方可于 10 月再追施腐熟粪水 2000kg。

4. 灌排水　牛膝喜干，但是苗期和采收前则需要保持土壤湿润。定苗后至 8 月中旬，为利于根系深扎，则应控制土壤水分，不宜过湿，8 月中旬以后保持土壤湿润，如土壤过干，应适量灌水，以利采挖。雨季应注意及时排水防涝，以防烂根。

5. 打顶除蕾　为防营养流失，利于根部生长，除留种田外，在植株顶部大量产生花序时，要将花序及时割去。

【病虫防治】

一、病害

1. 根腐病　病原为 *Fusarium* sp.，是真菌中的一种半知菌。7～8 月发生，在雨季或低洼积水处易发病。主要为害根部。发病后植株叶片枯黄，生长停止，根部变褐色，逐渐腐烂，最后枯死。

防治方法：注意排水。选择地势高燥的地块种植，实行轮作。

2. 褐斑病　病原为牛膝尾孢，属半知菌亚门，孢属真菌。7～8 月雨季发生，为害叶片。初期叶上生褐色小点，后逐渐扩大产生多角形或不规则形病斑，呈灰褐色或灰色，边缘黄色或黄褐色，严重时整个叶片变为灰褐色，枯萎死亡。

防治方法：同白锈病。

3. 白锈病　病原为白锈菌，或称大孢白锈菌，均属鞭毛菌亚门真菌。发病时叶片背面出现白色疱状病斑，稍隆起，外表光亮，破裂后散出粉状物，为病菌孢子囊。

防治方法：收获后清园，集中病株烧毁或深埋，以消灭或减少越冬病原；发病初期喷 1∶1∶100 波尔多液或 65% 代森锌 500 倍液，每 10～15 天喷 1 次，连续喷 2～3 次。

二、虫害

1. **银纹夜蛾** 属鳞翅目，夜蛾科。幼虫咬食叶片。受害叶片呈现空洞或缺刻。

防治方法：人工捕杀；用 20% 氯虫苯甲酰胺 3000 倍液等喷雾防治。

2. **红蜘蛛** 属蜘蛛纲，蜱螨目，叶螨科。为害叶片、嫩茎。拉丝结网于叶背，吸食汁液。

防治方法：用 15% 的哒螨灵乳油 2500 倍液或 1.8% 的齐螨素乳油 6000～8000 倍液或 20% 螨死净可湿性粉剂 2000 倍液喷雾进行防治。

【采收加工】

一、采收

传统认为，牛膝收获期以下霜后封冻前的时段最好。南方在 11 月下旬至 12 月中旬收获，北方在 10 月中旬至 11 月上旬收获。过早则根不壮实、产量低，过晚易木质化或受冻而影响质量。采挖前浇水 1 次，然后松土采收。收获时，从畦的一端开槽，槽深 1～1.5m，用铁锹先剔出主根所在地，再一层层向下挖，挖掘时要轻、慢、细，注意不要挖断根条。

研究显示，测定不同采收期牛膝茎叶中蜕皮激素的含量，以 8～9 月采收者含量最高，因此要想获得蜕皮激素含量高的怀牛膝，其最佳采收期为 8～9 月。但也有研究显示，测定不同时期牛膝根中甾酮含量，以 11 月中旬其根中的甾酮含量最高，而地上部分的蜕皮激素含量则降至最低，因此要想获得甾酮含量最高的牛膝其最佳采收期为 11 月中旬。

二、产地加工

挖回的牛膝先不洗涤，抖去泥沙，除去毛须、侧根。然后理直根条，每

10 根扎成一把，曝晒。应早晒晚收，因新鲜牛膝受冻或淋雨会变紫发黑，影响品质。晒至八九成干时取回，堆积于通风干燥的室内，盖上草席，使其“发汗”，2 天后再取出，晒至全干，切去芦头，即成“毛牛膝”。去除杂质，然后分级捆成小把，即成商品。

【贮藏】

置阴凉干燥处，防潮。

【药材形态】

本品呈细长圆柱形，挺直或稍弯曲，长 15～70cm，直径 0.4～1cm。表面灰黄色或淡棕色，有微扭曲的细纵皱纹、排列稀疏的侧根痕和横长皮孔样的突起。质硬脆，易折断，受潮后变软。断面平坦，淡棕色，略呈角质样而油润，中心维管束木质部较大，黄白色，其外周散在有多数黄白色点状维管束，断续排列成 2～4 轮。气微，味微甜而稍苦涩。

【成分含量】

本品按干燥品计算，含 β－脱皮甾醇（$C_{27}H_{44}O_7$）不得少于 0.030%。

【等级规格】

一等（头肥）：干货。呈长条圆柱形。内外黄白色或浅棕色。味淡微甜。中部直径 0.6cm 以上。长 50cm 以上。根条均匀。无冻条、油条、破条、杂质、虫蛀、霉变。

二等（二肥）：干货。呈长条圆柱形。内外黄白色或浅棕色。味淡微甜。中部直径 0.4cm 以上。长 35cm 以上。根条均匀。无冻条、油条、破条、杂质、虫蛀、霉变。

三等（平条）：干货。呈长条圆柱形。内外黄白色或浅棕色。味淡微甜。中部直径 0.4cm 以下，但不小于 0.2cm。长短不分。间有冻条、油条、破条。无杂质、虫蛀、霉变。

【传统炮制】

牛膝：除去杂质，洗净，润透，除去残留芦头，切段，干燥。

酒牛膝：取净牛膝段，照酒炙法炒干。

沙苑子

【药用来源】

为豆科植物扁茎黄芪 *Astragalus complanatus* R. Br. 的干燥成熟种子。

【识别要点】

多年生草本，高 30～100cm。根粗壮，根皮暗褐色，坚韧。茎多分枝，倾斜上升，疏被短柔毛。羽状复叶；托叶狭披针形，有毛；小叶柄极短；小叶 9～21，椭圆形，先端钝或微缺，有小尖；基部圆形，上面无毛，下面密生白色短柔毛。总状花序腋生，有花 3～7 朵；花萼钟状，萼齿 5，披针形，与萼筒等长，密被白色短柔毛；花冠蝶形，黄色，旗瓣近圆形，先端凹，基部有短爪，翼瓣稍短，龙骨瓣和翼瓣等长；雄蕊 10，其中 9 枚花丝连合，1 枚分离，花药细小；雌蕊超出雄蕊之外；子房上位，密被白色柔毛；花柱无毛，柱头有髯毛，有子房柄。荚果纺锤形，微膨胀，先端有喙，背腹稍扁，疏被短柔毛。种子 20～30，圆肾形。花期 8～9 月，果期 9～10 月。

【适宜生境】

沙苑子喜温耐寒，耐旱怕涝，耐盐碱，对土壤的要求不严，适宜生长于向阳处的质地疏松、排水良好的沙质壤土。忌连作，前茬植物以禾本科作物为好。

【栽种技术】

一、生长习性

沙苑子根系发达，根瘤菌有固氮作用，能培肥土壤，可作为改造沙漠、防风固沙的优良作物。

二、繁育方法

沙苑子一般用种子繁殖，9～10月，当80%的荚果呈黄褐色时，在距地面6cm处将植株割下，晒干，脱粒，除去杂质，贮藏于通风干燥处、留种。

三、栽种方法

1. 选地、土地整理　宜选用排水良好、干燥向阳地种植，也可在山坡和地边田埂处种植。选好地后，结合耕地每亩施腐熟厩肥3600kg，过磷酸钙25～30kg。

2. 播种　沙苑子采用种子繁殖。可以进行春播或者秋播，春播在4月，秋播在8月。按行距30cm、深2～3cm进行条播，覆土1～2cm；播种后踏实、浇水，还可和小麦套种。

四、田间管理

1. 定苗　当苗高6～9cm时定苗，按穴距10～12cm，每穴2～3株定苗。

2. 除草　视杂草情况，进行多次除草。一般幼苗期要及时除草，孕蕾期应进行1～2次松土除草，每年收获后还应彻底除草1次。

3. 追肥　需多次追肥。一般孕蕾期结合松土每亩追施人粪尿或硫酸铵2次，每年返青时每亩追施厩肥1200～1500kg，入冬前要追施越冬肥。

4. 排灌水　沙苑子怕旱怕涝，雨季要及时排水，干旱时要及时浇水。追施越冬肥后，应浇冻水，可连续收获3～4年。

【病虫防治】

一、病害

偶见白粉病，主要危害叶片。发病初期，叶片上出现灰白色粉状病斑。后期病斑上出现黑色小颗粒，无明显病斑。

防治方法：清理田园，处理病残株；发病初期，每隔10天左右喷洒1000倍50%的甲基托布津或800倍的代森铵，连续3～4次。

二、虫害

虫害以红蜘蛛为主，特别是在持续干旱时更为严重，危害整个植株或幼嫩器官。可用 15% 扫螨净乳油 1500 倍液，或 73% 克螨特乳剂 2500～3000 倍液喷雾。

【采收加工】

每年霜降前，待果实外皮呈黄褐色时即可采收。植株近地割下，晒干脱粒，除杂，晒干或低温干燥，不宜暴晒。

【贮藏】

通风干燥处，防霉，防蛀。

【药材形态】

本品略呈肾形而稍扁，长 2～2.5mm，宽 1.5～2mm，厚约 1mm。表面光滑，褐绿色或灰褐色，边缘一侧微凹处具圆形种脐。质坚硬，不易破碎。子叶 2 枚，淡黄色，胚根弯曲，长约 1mm。气微，味淡，嚼之有豆腥味。

【成分含量】

本品按干燥品计算，含沙苑子苷（$C_{28}H_{32}O_{16}$）不得少于 0.060%。

【等级规格】

规格：统货。略呈肾形而稍扁，表面光滑，褐绿色或灰褐色，边缘一侧微凹处具圆形种脐。质坚硬，不易破碎。子叶 2 枚，淡黄色，胚根弯曲。无臭，味淡，嚼之有豆腥味。无杂质、虫蛀、霉变。

【传统炮制】

沙苑子：除去杂质，洗净，干燥。

盐沙苑子：取净沙苑子，照盐水炙法炒干。

山 楂

【药用来源】

为蔷薇科植物山里红 *Crataegus pinnatifida* Bge. var. *major* N. E. Br. 或山楂 C. *pinnatifida* Bge. 的干燥成熟果实。

【识别要点】

山里红落叶乔木。树皮暗棕色。茎多分枝，具刺或无刺。叶互生，阔卵形或三角状卵形，稀近菱状卵形。伞房花序，有柔毛，花白色；萼筒钟状，萼片 5 齿裂；花瓣 5，倒卵形或近圆形；雄蕊约 20 枚，花药粉红色；子房下位，5 室，花柱 5。梨果近球形，深红色，有黄白色小斑点，萼片脱落很迟，先端留下 1 圆形深洼；小核 3～5，向外的一面稍具棱，向内面侧面平滑。花期 5～6 月，果期 8～10 月。

【适宜生境】

山楂对环境有很强的适应性，在年平均温度 6～14℃、年降水量 370mm～1000mm、积温 2300～4000℃、无霜期 140～200 天的条件下即可栽培，酸性或碱性的山地、平原、丘陵、沙荒地等皆可适应。

【栽种技术】

一、生长习性

山楂具有较强的抗风、抗寒能力，是多年生植物，根系的生长能力比较强，拥有发达的水平根。一般种植第 1 年为缓苗期，第 2 年开始进入速长期，全年生长期为 180 ~ 200 天，到第 3 ~ 4 年的时候开始结果。果实从开花至成熟需要 150 ~ 160 天。10 年之后会进入盛果期，可以持续 50 ~ 60 年。

二、繁育方法

山楂的繁育方法有：种子繁殖、分株繁殖和嫁接繁殖 3 种，最常用的是嫁接繁殖。

1. 种子繁殖 可选择在春夏秋 3 个季节进行，首先准备山楂成熟的种子，先要放置在湿润的沙土之中埋藏 1 年，第 2 年再把山楂的种子挖出来，将其播种在疏松透气的土壤之中，之后进行浇水施肥、保温光照的管理，1 个月左右的时间，山楂的种子就能够发芽。出苗后加强栽植管理，大约 5 ~ 6 年的时间，山楂树就能够开花结果。

2. 分株繁殖 春季将粗 0.5 ~ 1cm 的根切成长 12cm 的根段，扎成捆，用 0.3×10^{-6} ~ 0.5×10^{-6} 的赤霉素浸泡一段时间，捞出放在湿沙中贮存 6 ~ 7 天，斜插于苗圃中，稍压实，然后浇水。

3. 嫁接繁殖 春、夏、秋均可进行，用种子繁殖的实生苗或分株苗均可作砧木，采用芽接或枝接或靠接，以芽接为主。

三、栽种方法

1. 选地 选择壤土或沙壤土，要求地势平坦、土层深厚、灌水方便、排水良好、向阳、肥沃而疏松。育苗地不要连作，以免引起某些矿物质营养的匮乏，以及根腐病、立枯病等病害的发生。

2. 土地整理 一般选择秋季清除田间杂草和石块。深翻细耙，深度为 30cm 以上，这样有利于土壤改良、蓄水保墒和根系生长。春旱地区，秋季翻地效果更好，随翻随耙，可减少水分蒸发，保持冬春季的雨雪。若来不及秋翻，应在春季化冻后春翻，每隔 2m 就要做长 6 ~ 10cm 的育苗床，两边开好排水沟，床埂做好后，施腐熟的堆肥或圈肥在床面上，并与土混匀，每亩施肥 3200 ~ 4000kg。

3. 栽植方法 春、夏两季均可进行。选取健壮的幼苗，按株行距 3m × 4m、2m × 4m 或 3m × 2m 栽植。栽植时，先将栽植坑内挖出的部分表土与肥料拌匀，将另一部分表土填入坑内，边填边踩实。填至近一半时，再把拌有肥料的表土填入。然后将幼苗放在中央，使其根系舒展，继续填入残留的表土，同时将苗木轻轻上提，使根系与土壤密切接触并压实。苗木栽植深度根茎部分应比地面稍高，避免由于栽后灌水，苗木下沉造成栽植过深。栽好后，在苗木周围培土埂，浇水，水渗后封土保墒。在春季多风地区，可培土 30cm 高，以免苗木被风吹动致使根系透风。

四、田间管理

1. 土壤管理　土壤深翻熟化是增产技术中的基本措施，在夏、秋两个季节进行深翻熟化，同时结合扩穴压入绿肥植物，可以改良土壤，增加土壤的通透性，促进树体生长。此外，也可在春季萌芽前施肥浇水后，将麦草或秸秆粉碎至 10 cm 以下，平铺树冠下，厚 15～20cm，连续 3～4 年后深翻入土，提高土壤肥力和蓄水能力。生长季进行除草 3～4 次，清除根蘖，减少养分和水分的消耗。浇水一般每年浇 4 次水，灌冻水一般结合秋季施基肥进行，浇透水以利树体安全越冬。早春土壤解冻后，在萌芽前结合追肥灌 1 次透水，以促进肥料的吸收利用。开花后结合追肥浇水，以提高坐果率。果实膨大前期如果干旱少雨要及时灌水，有利于果实增大。

2. 施肥　采果后立即施基肥，基肥以有机肥为主，开沟时每亩施有机肥 3000～4000kg，加施尿素 20kg、过磷酸钙 50kg、土杂肥 500kg。追肥一般采用条沟施肥，在树与树的行间开一条宽 50cm、深 30cm 的沟，将肥料施入沟中，然后覆土。也可在展叶期、花前与花后期、盛果期用 0.3% 尿素和 0.2% 磷酸二氢钾溶液进行根外追肥，以补充树体生长所需的营养，促进开花结果。另外在花期喷洒 50ppm 赤霉素溶液，可防止落花落果，提高坐果率，促进增产。

3. 树体形状的整形与修剪

树体形状的整形与修剪大致随季节分为冬、夏两季，要根据树体习性的不同，包括生长发育、栽培方式、环境条件等，人为地选择匀称、紧凑、牢固的骨架和尽量合理的结构来对树体进行整形与修剪。

（1）夏季修剪：夏季修剪主要分为拉枝、摘心、抹芽、除芽等。以山楂树为例，由于其萌芽能力较强，以及落头、疏枝、重回缩等可能会刺激隐藏的萌芽发展成长枝，导致不好修剪，此时要及时抹芽、除芽，谨防徒长大枝。对于生长旺盛的枝干，在7月下旬新梢停止生长后，可将枝干拉平，促进成花，以便增加产量。对于还有生长空间的植物，需每隔15cm留1个枝，尽量留侧生枝，当徒长枝＞15cm时，留10～15cm后摘心，促生分枝作为结果枝。另外，可在辅养枝上进行环剥，宽度为被剥枝条粗度的1/10。

（2）冬季修剪：植物在冬季因杂枝较多急需修剪。通常内膛枝干较细较弱，枯死率较高。其原因主要是植物外围易分枝，导致外围过于浓密，内膛小枝无法正常生长，久而久之各级树枝中下部逐渐缺乏小枝。内膛光秃改善措施一般遵循疏、缩、截相结合的原则，力求枝干得到更适宜的改造，变得更加强壮。疏：去除骨干枝以及外围密生大枝，也包括一些竞争枝、徒长枝、病虫枝等等。缩：缩减已经衰弱的主侧枝，适当留一小部分新芽用于更新，以便培育更强壮的枝干。幼树一般选用疏散分层形法进行整形修剪，使植株骨架牢固，树型张开，树冠紧凑，膛内充实，大、中、小枝疏散错落生长，成为上下里外均能开花结果的疏散分层形丰产树。结果期：促进枝条的更新，以获得良好的长势。

【病虫防治】

一、病害

1. 白粉病　对幼树危害最重，主要发生在花蕾期和花后。

防治方法：发病时喷洒甲基托布津800～1000倍液、25%粉锈宁600～700倍液，并在发芽前喷1次波美5度石硫合剂。

2. 轮纹病　主要危害果实，病斑呈近圆形，初为红褐色，后为褐色，逐渐扩展为同心轮纹型病斑，病部果肉软腐，最终导致全果腐烂。枝干上病斑呈近圆形至椭圆形，中部突起，边缘开裂，上生黑色小粒点。

防治方法：花谢后1周需要喷80%多菌灵800倍液，切记5月中旬、7月下旬、8月中上旬也要各喷1次杀菌剂。

3. 白绢病　病菌寄生在山楂树的根茎部位，会产生褐色斑点并逐渐扩大，表面着生一层白色菌丝，很快缠绕根茎，当环周皮腐烂后，全株枯死。

防治方法：注意水肥管理，增强树势，防治日灼与冻害。

二、虫害

1. 桃小食心虫 主要危害果实，一般情况下在山楂树上一年发生 2 代。

防治方法：清洁田园，及时清除烂叶枯枝；在越冬幼虫出土前，按每亩 0.25～0.5kg 的标准将 75% 辛硫磷乳剂拌成毒土，撒在树下进行诱杀；6 月中旬在树盘喷洒 100～150 倍对硫磷乳油，杀死越冬的食心虫幼虫；7 月初和 8 月中上旬喷洒 1500 倍对硫磷乳油，消灭食心虫的卵及初入果的幼虫。

2. 山楂粉蝶 主要危害嫩叶，每年发生 1 代，以二至三龄幼虫在卷叶中的虫巢中越冬。

防治方法：将越冬、越夏群居的幼虫巢剪下，集中烧毁；幼虫为害时，向幼虫喷洒 50% 辛硫磷乳剂 1000 倍液或 20% 氯虫苯甲酰胺 3000 倍液等。

3. 蚧壳虫 主要发生在六七月。

防治方法：及时清扫果园落叶和落果；清除病虫枝，集中销毁，减少越冬虫源；发病时喷洒 10% 氯氰菊酯 1600～2000 倍液。

4. 红蜘蛛、桃蛀螟 主要发生在五六月。

防治方法：彻底清理园区，集中销毁虫枝，减少越冬虫源；也可喷洒蛾螨灵或用 1.8% 阿维菌素 3000～4000 倍液。

【采收加工】

一、采收

一般于 9～10 月间果实皮色发红、果点明显时采收。采收时通常采用摇晃、棍棒敲打震落的方法采收，注意不要损伤枝叶。为了提高品质，一般采用人工采摘。

二、产地加工

果实采收以后，置于通风处干燥几天，用草帘覆盖，使其充分散热，然后包装储运，或果实采摘后趁鲜切成两半，晒干或低温烘干。

【贮藏】

置干燥处储存，防蛀。

【药材形态】

本品为圆形片，皱缩不平，直径1～2.5cm，厚0.2～0.4cm。外皮红色，具皱纹，有灰白色小斑点。果肉深黄色至浅棕色。中部横切片具5粒浅黄色果核，但核多脱落而中空。有的片上可见短而细的果梗或花萼残迹。气微清香，味酸、微甜。

【成分含量】

本品按干燥品计算，含有机酸以枸橼酸（$C_6H_8O_7$）计，不得少于5.0%。

【等级规格】

规格：统货。干货。本品符合山楂性状特征，山楂片厚薄均匀，片形好，皮红肉黄，脱落下来的果核不超过10%。无掺混的果核，无杂质、虫蛀、霉变。

【传统炮制】

净山楂：除去杂质及脱落的核。

炒山楂：取净山楂，照清炒法炒至色变深。

焦山楂：取净山楂，照清炒法炒至表面焦褐色，内部黄褐色。

射 干

【药用来源】

为鸢尾科植物射干 *Belamcanda chinensis*（L.）DC. 干燥根茎。

【识别要点】

多年生草本，高 50～120cm。根茎呈结节状，鲜黄色，生多数须根。叶 2 列，嵌迭状排列，剑形，扁平，绿色常带白粉，先端渐尖，基部抱茎，叶脉平行。伞房花序顶生，有 2 苞片；花被橘黄色，长 2～3cm，散生暗红色斑点；雄蕊 3 枚；子房下位，3 室，花柱单一，柱头 3 裂。蒴果倒卵形至长椭圆形。花期 7～9 月，果期 8～10 月。

【适宜生境】

射干适应性强，喜阳光充足、温暖、湿润的气候，耐寒，耐旱，怕涝。对土壤要求不严，生长于林缘或山坡草地，大部分生于海拔较低的地方，但在海拔 2000～2200m 的西南山区也可生长，在 −17℃的低温可自然越冬。栽培则宜选用排水良好、肥沃、疏松的中性或微碱性沙质壤土；不宜选择黏性土地，忌低洼积水，土壤湿度过大会导致根状茎腐烂。

【栽种技术】

一、生长习性

射干的种子成熟后，约有 50 天的休眠期。种子在 5～30℃范围内均能萌发，最适宜的萌发温度是 15～25℃。在恒温条件下萌发率略低，环境变温则可以提高种子萌发率。

射干种子属于留土萌发的类型，当年秋播的种子只有极少数发芽，大部分种子在第 2 年春季开始发芽。胚根露出土后的 2～3 天形成幼苗，幼苗生长 30 天左右开始在根茎上萌发新芽。当年生射干主茎可以抽成地上茎，至 12 月逐渐枯萎。

二年生射干在 5 月中旬开始抽茎，叶面积开始逐渐增大；6 月中旬可达 50～60cm^2，并向生殖生长过渡，开始花序原基分化，花序轴迅速生长；6 月下旬开始开花；7 月中旬至 9 月中旬果实开始成熟，果熟期可持续 1 个月左右。

二、繁育方法

种子收获后，即可用鲜种播种或将鲜种用湿沙贮藏备用。也可选择生长 2 年以上的实生苗，或 1 年以上的根状茎繁殖的无病虫害的植株作为母株，取其地下茎进行育苗移栽。

三、栽种方法

1. 选地土地整理

宜选地形开阔、地势较高、阳光充足、排水良好、土壤肥沃疏松的中性或微碱性沙质壤土，不宜选黏土过重的土壤、积水池、盐碱地。土地整理时，深耕 20cm，整平做畦。每亩施基肥或堆肥 2000～3000kg，硫酸钾型复合肥 20～25kg，也可用人粪尿、草木灰等农家肥做基肥。

2. 育苗

（1）播种育苗：春播在 4 月下旬，选择地势较高、排水良好、疏松肥沃的黄土壤地进行育苗。土地整理时做 1.3m 宽、20cm 高的畦，畦沟宽 25～30cm；每亩用腐熟农家肥 3000kg、复合肥 50kg，结合耕地翻入土中，耕平耙细，将种子均匀撒在畦面，覆土 5cm，稍加镇压后浇水，约 2 周后出苗；每亩育苗地播种 10kg，可移栽大田 7～8 亩。

秋播可在 9 月下旬至 10 月上中旬，将种子均匀撒于畦面，覆土 2～3cm，然后盖上一层薄稻草或麦秸，用种量为每亩 10kg。11 月即有 12%～20% 出苗，次年 3 月揭去稻草或麦秸，清明至谷雨苗齐；清明前后视苗情长势可进行第

1 次追肥，每亩施 500kg 清粪水；谷雨后再施 1 次清粪水以提苗，平时注意清除田间杂草。

冬播于 11 月上旬进行，翌春出苗。

（2）根茎育苗：3 月中旬返青前，挖取地下根茎，按其自然生长形状劈分，每块根茎保留 2～3 个根芽和部分须根；稍晾，使伤口愈合；按行距 20～30cm 开沟，按每段 1～2cm 的距离将切好的根茎放入沟内，注意芽头向下，覆盖黄沙土，如芽已成绿色，应将芽露出土面，浇水，遮阴，一般 15 天后即可生根。

3. 移栽定植 苗高 10cm 左右时可以进行移栽。按行距 30～35cm 开穴，并将腐熟的家畜肥或复合肥施入穴中，趁雨天挖取秧苗移入大田，注意根系不要接触肥料。若久旱无雨，则须适当浇水。

四、田间管理

1. 中耕培土 春季应勤除草和松土。六七月植株封垄前，结合最后 1 次松土除草，进行培土，以防雨季的风雨袭击，致使植株倒伏而影响生长。

2. 追肥 实生苗移栽后第 1 年和根茎繁殖当年的射干，在封垄前用穴施法进行追肥。在离植株 10cm 处打穴，每亩用尿素 75kg 施入穴中。第 2 次追肥在 8 月中旬，因已经封垄，所以直接用尿素趁雨天撒入田间，每亩用尿素 15kg。

移栽后第 2 年的射干，第 1 次追肥通常在冬季或者早春施腊肥，每亩可用腐熟油饼 100kg 加复合肥 50kg，结合清除田间枯枝落叶，松开土穴，将腐熟的有机肥施入穴中，并适当培土，这次追肥对促进地下根茎增长很重要，如肥源充裕尚可多施；第 2 次追肥应在植株封行以后，趁雨天施肥，每亩用尿素 20kg。

移栽后第 3 年的射干和第 2 年的射干追肥方法大致相同。

3. 排灌 射干喜干旱、耐严寒，但在出苗期和定苗期需浇水以利于出苗和定苗成活，当幼苗高达 10cm 时就可不浇或少浇水。雨季应注意排田间积水，防止出现烂根现象。此外，北方冬季封冻前要灌 1 次冻水，以利安全过冬。

4. 打顶摘蕾　移栽后 1 年的射干，会有 80% 以上的植株开花、部分植株结果；用根茎繁殖的植株则会全部开花结果。射干花多，花期长，为减少养分的消耗，使养分更多地集中在地下根状茎中，以提高产量，一般不留种的应在抽薹后及时剪去花薹。

【病虫防治】

一、病害

1. 叶枯病　发病时，叶部先出现黄色斑点，继而叶色发黄，危害严重时，植株枯死。

防治方法：喷洒 2～3 次多菌灵可湿性粉剂 1000 倍液。

2. 锈病　为真菌中的一种担子菌引起，常于秋季为害，氮肥过多、连作、积水、植株过密时发病严重，成株发生早，幼苗发生较晚。发病时叶片出现褐色隆起的锈斑，受害植株叶片枯死，严重时可致死亡。

防治方法：在发病初期用 95% 敌锈钠 400 倍液喷洒，每 7～10 天喷 1 次，连续喷 2～3 次，或喷施 25% 粉锈宁 2000 倍液。

3. 根腐病　危害根茎，多在雨季发病，发病时根茎腐烂，严重时导致植株死亡。病菌在土壤、残茬中越冬，从植株伤口侵入。连作、高温、高湿，尤其是在土壤过于潮湿时发病严重。

防治方法：发现病株立即拔除，病穴用石灰水消毒；及时防治地下害虫；做好排水工作；发病初期用 50% 多菌灵 500 倍液浇灌病区或用 1∶1∶120 波尔多液喷雾。

二、虫害

1. 大灰象甲　成虫喜食幼嫩多汁的幼苗，由于群集为害，幼苗一旦受害，便无一幸存。幼虫常沿叶脉咬食叶片，食痕呈半圆形缺刻。

防治方法：防治幼虫用 50% 辛硫磷乳油每亩 200～250g，加水 10 倍喷于 25～30kg 细土上拌匀制成毒土，混匀后施于苗眼；在成虫发生盛期于傍晚在树干周围地面喷洒 50% 辛硫磷乳剂 300 倍液，或 2% 阿维菌素 2000 倍液。

2. 钻心虫（环斑蚀叶蛾）　是鸢尾科药用植物的主要害虫，其幼虫危害幼嫩新叶、叶鞘和茎基部，致使茎叶被咬断，植株枯萎。每年发生 1 代，5 月上旬幼虫在叶鞘内为害心叶及叶鞘；6 月中下旬为害茎基部；高龄幼虫钻入地下为害根茎。

防治方法：幼虫孵化期用植物源杀虫剂喷雾防治，可用 0.3% 苦参碱乳剂 800～1000 倍液，或 1.5% 天然除虫菊素 1000 倍液，或 0.3% 印楝素 500 倍液；在幼虫危害期，可用菊酯类（4.5% 氯氰菊酯 1000 倍液、2.5% 联苯菊酯乳油 2000 倍液等），或 20% 氯虫苯甲酰胺 3000 倍液等喷雾防治；忌连作。

3. 其他虫害　大绿叶蝉、黄斑草毒蛾等，可用毒饵诱杀。还可采用农业防治和化学防治结合的方法进行综合防治。

【采收加工】

一、采收

育苗繁殖的一般 2～3 年采收，种子繁殖的一般 3～4 年采收。一般在 6～9 月期间采挖地下根茎，除去地上茎叶、须根和泥土，晒干。

二、产地加工

将新鲜的根茎晒全干或半干，放入铁丝筛中，用微火烤，边烤边翻转，直至须根烧净为止，再晒干。

【贮藏】

置干燥处储存。

【药材形态】

本品呈不规则结节状，长 3～10cm，直径 1～2cm。表面黄褐色、棕褐色或黑褐色，皱缩，有较密的环纹。上面有数个圆盘状凹陷的茎痕，偶有茎基残存；下面有残留细根及根痕。质硬。断面黄色，颗粒性。气微，微苦、微辛。

【成分含量】

本品按干燥品计算，含次野鸢尾黄素（$C_{20}H_{18}O_8$）不得少于 0.10%。

【等级规格】

规格：统货。根茎呈不规则的结节状，表面黄褐色、棕褐色或黑褐色，皱缩，有较密的环纹。上面有圆盘状凹陷的茎痕，下面有残留的细根及根痕。质坚硬。断面黄色，颗粒状。气微，味苦。以身干、肥壮、断面色黄、无须根者为佳。无杂质、虫蛀、霉变。

【传统炮制】

射干：除去杂质，洗净，润透，切薄片，干燥。

升 麻

【药用来源】

为毛茛科植物大三叶升麻 *Cimicifuga heracleifolia* Kom.、兴安升麻 *Cimicifuga dahurica*（Turca.）Maxim. 或升麻 *Cimicifuga foetida* L. 的干燥根茎。

【识别要点】

大三叶升麻：为多年生草本，根茎粗大，表面黑色，有多数内陷的圆洞状老茎残基。茎圆柱形，中空。下部茎生叶三角形，二回三出复叶；小叶卵形至广卵形，上部3浅裂，边缘具粗齿。花序复总状，总花梗及小花梗均被灰色柔毛退化雄蕊长卵形，先端不裂；能育雄蕊多数，花丝长短不一；心皮3～5，光滑无毛。蓇葖果无毛。花期8～9月，果期9～10月。

兴安升麻：与上种相似。但花单性，退化雄蕊先端2裂，不具花药，心皮及蓇葖果无毛。

升麻：与大三叶升麻类似。叶为数回羽状复叶，退化雄蕊先端2裂，不具花药，心皮及蓇葖果有毛。

【适宜生境】

升麻多分布于较为干旱、贫瘠的土壤环境中。对土壤要求不严，在各种土壤中均可生长，如含有腐殖质的棕色、棕褐色及黑色土壤，甚至是肥力不强的风化弱性黏质土。升麻多喜较高的光照强度，植株形态多为矮小、瘦弱型。野生资源众多，相关伴生植物也较多，其多生长于阴坡或阳坡的树林边，如落叶松林、针阔混交林、阔叶林、林缘、灌木丛等或沟塘、溪边等环境。对水的要求也不甚严格，年降水量＞400mm即可满足生长，但在林下地、沟塘等地长势最好，以蒸发量较小、相对湿润的环境为宜，因降水量不同，长势也各不相同。在升麻的生长发育周期中，55%～65%的时间内多吸收散射光，35%～45%的时间内多吸收直射光，因此对光线要求甚严。

【栽种技术】

一、生长习性

升麻喜温暖湿润气候。耐寒，当年幼苗在−25℃低温下能安全越冬。幼苗期怕强光直射，开花结果期需要充足光照，怕涝，忌土壤干旱，喜微酸性或中性的腐殖质土，在碱性或重黏土中栽培生长不良。

二、繁育方法

升麻多采用种子繁殖，对温度要求严格，在18～22℃之间发芽率最高，可达80%，低于12℃或高于25℃几乎不发芽。其种子不易贮藏，干燥贮存2个月，发芽率小于10%；1年后多属不发芽种子；自然条件下16个月以上几乎不发芽。

三、栽种方法

1. 选地　宜选择海拔1000m左右、土层深厚、富含腐殖质的半阴半阳山坡地或排水良好的沙质壤土平地。

2. 土地整理　首先将准备育苗的土地进行翻耕，翻土深度约为15～20cm，因土地表面可能覆盖数量较多、体积较大的石块和杂草，因此制作苗床之前要先清理表面杂物，再将土块打碎，做成床面耙细、耙平，边缘稍高的苗床（高15cm，宽110～120cm）。在肥料选择方面，小苗可不施基肥，大田依据土地的肥沃程度来决定是否施足底肥。

3. 播种　谷雨时开始播种育苗，行距20～25cm，沟深1cm，沟幅略宽，沟底5cm木板压平，施少量底肥（如氮肥）或撒入过筛后的充分腐熟的厩肥。之后均匀撒入种子，覆盖土壤（厚度0.5～0.6cm），使其表面均匀。

移栽分为春、秋两季，时间为育苗后2年。春栽应提早进行，必须在植株返青前结束；秋栽可在植株枯萎到土壤结冻之间进行。移栽过程如下：清理枯萎枝叶，从一端开始逐渐挖完整个根系，保护眠芽，挑出病根，以种栽的长短粗细为依据分为 2～3 个等级，其目的是为了移栽过程中能够掌握株行距。

四、田间管理

除草和松土是移栽时必备工作，与移栽时间无关。为了补充土壤肥力、保证植株正常生长。需要结合生长期、生长年限及部位用途等不同因素，适当增施有机肥和多元复合肥等肥料，同时施加少量化肥，以收获高产量的优质产品。

此外，升麻多生长于湿润的环境中，需要根据土壤湿度及时补充水分，注意雨季内涝。除防涝外，还应做好防寒工作。

以后每年均要重复田间管理工作，每隔 4～5 年进行倒茬或更换种植地，同时进行根茎分栽，扩大栽植面积。由于光照条件和肥力的改善，人工栽培的升麻开花结果仅需 2～3 年。作为药材生产应及时去掉花序，以获取优质高产药材。

【病虫防治】

一、病害

1. *灰斑病*　主要危害叶片，这种病害主要由病原菌的子实体引起，叶片出现中心灰白、边缘褐色、两面分布的霉状物，且霉状物多呈浅褐色。这种病斑直径大致在 0.2～0.4mm 范围内，呈圆形或近圆形，病情严重时病斑会连成片状，最终导致叶片枯死。

防治方法：隔绝传染源，不要播种在曾经发生过此病的茬地，选择健壮、无病害的作物；播种前用 65% 的代森锌（1∶500 稀释）浸泡种子 1～2 小时，用 1∶1∶120 波尔多液喷洒预防；移栽者采用上述代森锌进行灭菌；将已经患病的作物拔除或销毁；在秋季将田园清扫干净，并且将病残株彻底移除。

2. *立枯病*　发病时植株茎基部先受损，而后整个茎逐渐萎缩、变蔫、变黑，最终导致全株死亡。

防治方法：移栽：小苗采用50%的福美双（1：450或1：600倍稀释）浸泡种子1小时再移植；及时拔除病株，并用50%多菌灵500倍液或30%恶霉灵水剂1000倍液进行喷雾。

二、虫害

1. **日本金龟** 此虫为升麻的首要虫害，通体呈绿色，伴有褐色花纹。

防治方法：用50%辛硫磷乳油1000～2000倍液喷施。

2. **红蜘蛛** 主要危害植物的叶、茎、花等，刺吸植物的茎叶，使受害部位水分减少，表现失绿变白，叶表面呈现密集苍白的小斑点，卷曲发黄。严重时植株发生黄叶、焦叶、卷叶、落叶和死亡等现象。同时，红蜘蛛还是病毒病的传播介体。

防治方法：用1.8%阿维菌素2000倍液，或15%扫螨净3000倍液喷雾。

【采收加工】

野生品于春秋二季采挖，栽培品一般于栽培后3～4年后采收。采收时应在地上部分枯萎以后，挖出根茎，去净泥土，晒至八成干，火燎除去须根，晒至全干，再用撞笼除去表皮及残存须根。

【贮藏】

置干燥处储存。

【药材形态】

本品为不规则的长形块状，多分枝，呈结节状，长10～20cm，直径2～4cm。表面黑褐色或棕褐色，粗糙不平，有坚硬的细须根残留，上面有数个圆形空洞的茎基痕，洞内壁显网状沟纹；下面凹凸不平，具须根痕。体轻，质坚硬，不易折断。断面不平坦，有裂隙，纤维性，黄绿色或淡黄白色。气微，味微苦而涩。

【成分含量】

本品按干燥品计算，含异阿魏酸（$C_{10}H_{10}O_4$）不得少于0.10%。

【等级规格】

规格：统货。为不规则的长形块状，多分枝，呈结节状，表面黑褐色或棕褐色，粗糙不平，有坚硬的细须根残留，上面有数个圆形空洞的茎基痕，洞内壁显网状沟纹；下面凹凸不平，具须根痕。体轻，质坚硬，不易折断。断面不平坦，有裂隙，纤维性，黄绿色或淡黄白色。气微，味微苦而涩。以个大、质坚、外皮黑褐色、断面黄绿色、须根无泥土者为佳。

【传统炮制】

升麻：除去杂质，略泡，洗净，润透，切厚片，干燥。

酸枣仁

【药用来源】

为鼠李科植物酸枣 *Ziziphus jujuba* Mill. var. *spinosa*(Bunge)Hu ex H.F.Chou 的干燥成熟种子。

【识别要点】

酸枣树属落叶灌木或小乔木，高 1～3 米，鼠李科枣属植物。老枝褐色，幼枝绿色。枝上有针形刺与反曲刺两种刺。叶互生；叶柄极短；托叶细长，针状；叶片椭圆形至卵状披针形，先端短尖而钝，基部偏斜，边缘有细锯齿，主脉 3 条。花 2～3 朵，簇生叶腋，小形，黄绿色；花梗极短，萼片 5，卵状三角形；花瓣小，5 片，与萼互生；雄蕊 5，与花瓣对生，比花瓣稍长；花盘 10 浅裂；子房椭圆形，2 室，埋于花盘中，花柱短，柱头 2 裂。核果近球形，先端钝，熟时暗红色，有酸味。花期 4～5 月。果期 9～10 月。

【适宜生境】

酸枣适应环境的能力非常强，耐碱，耐寒，耐旱，喜欢生长在植被不甚茂盛的山地和向阳干燥的山坡、丘陵、山谷、平原及路旁，适宜 pH 在 5.5～8.5 之间、土层深厚、肥沃、排水良好的沙壤土。

【栽种技术】

一、生长习性

酸枣枝条较多，分为生长枝、结果母枝和脱落性枝3种。2年开始结果，结果母枝极短，着生于生长枝的永久性二次枝上；脱落性枝由结果枝下面的副芽抽出，冬季脱落；生长枝特长、粗壮，是增强树势的主体。一般10年开始进入盛果期，盛期10～30年，可连续结果70～80年，但结果母枝随年龄增加，抽生脱落性增多，其结果能力以2年为强。

二、繁育方法

酸枣的繁育方法有种子繁殖和分株繁殖。

1. **种子繁殖** 选择生长健壮、连年结果且产量高、无病虫害的优良母株，于9～10月采收成熟的红褐色果实，堆放阴湿处使果肉腐烂，置清水中搓洗出种子，与3倍种子量的湿沙混合，在室外向阳干燥处挖坑进行层积沙藏；或将种子装入木箱内，置室内阴凉湿润处贮藏，第2年春季当种子裂口露白时即可播种。春播于3月下旬至4月上旬，秋播于10月下旬进行。按行距30cm开沟，深沟约3cm，将种子均匀撒入沟内，覆土稍镇压，浇水，盖草保温、保湿，10天左右出苗。齐苗后揭除盖草。培育1～2年，苗高80cm左右即可出圃。

2. **分株繁殖** 选择优良母株，于冬季或春季植株休眠期，距树干15～20cm挖宽40cm左右的环状沟，深度以露水平根为度，将沟内水平根切断。当根蘖苗高30cm左右时，选留壮苗培育，沟内施肥填土，再离根蘖苗30cm远的地方开第2条沟，切断与原植株相连的根，促使根苗自生须根，数天后将沟填平，培育1年即可定值。

三、栽种方法

1. **土地整理** 选择沙质土壤，要求土层深厚、肥沃、排水良好、向阳，每亩施1600～2000kg的厩肥，深翻20～25cm，耙平整细，做宽100～130cm的畦。

2. **播种** 种子繁殖分春秋两季播种，春播在3月下旬至4月上旬之间，秋播在 10 月下旬开始。先开出行距为 30cm、深 3cm 的沟，再将种子稀疏、均匀地撒入沟内，覆盖后稍镇压，然后浇水，盖草以保暖，10 天左右能够出苗，待齐苗后揭除盖草即可。培育 1 ~ 2 年后，苗高为 80cm 就可以出圃了。

3. **定植** 通过播种或分株培育的幼苗，按照 2m × 1m 的行株距开穴定植，穴深需要 30cm，每穴 1 株，填土踏实，浇水。

四、田间管理

1. **除草** 在苗期要及时松土除草，定植后每年只需松土除草 2 ~ 3 次即可。还可以间种豆类、蔬菜等，并结合间作进行松土除草。

2. **追肥** 当苗高 6 ~ 10cm 时，每亩需要施 10 ~ 15kg 的硫酸铵或尿素；当苗高 30 ~ 40cm 时，需要在行间开沟，每亩要施 1000kg 的厩肥和 15kg 的过磷酸钙，再浇水。4 ~ 5 年后便进入盛果期，每年秋季进行采果，然后在每株旁都开沟，每株要施 50kg 土杂肥、2kg 过磷酸钙和 1kg 碳酸氢钠。

3. **修剪** 在定植后，干茎粗 3cm、高 60 ~ 80cm 时即可定干，然后每年进行逐层修剪，保证整个树体维持在 2m 左右，3 年后即可形成圆形主干层。对于成年树而言，每年冬季都需要及时剪除针刺，剪除重叠枝、交叉枝、密生枝以及直立性的徒长枝，这样便可改善树冠内的透光性，达到提高坐果率的目的。在盛花期，将距地面 10cm 高的主干环状去掉 0.5cm 宽的皮，也可以提高坐果率。

【病虫防治】

一、病害

1. **枣锈病** 主要危害叶片，当病叶逐渐变成灰绿色时，光泽也逐渐消失，等到出现褐色角斑，最终就会脱落。

防治方法：在发病初期喷洒农药，如可杀得、农抗 120 等。

2. **枣疯病** 容易感染植株，导致植株生长衰退、叶形变小、枝条变细，大多会长成簇生状或者丛枝状，使花盘退化，花瓣变成叶状。

防治方法：及时连根刨除病株；用 5% 的石灰乳浇灌树穴或者喷洒农抗 120。

二、虫害

1. **桃小食心虫**　主要是幼虫蛀食果肉，最终造成严重减产。

防治方法：从盛果期开始，在树干周围的地面喷洒西维因粉剂，以消灭越冬出土的幼虫；羽化期可采用性诱芯诱杀雄蛾；产卵期直接在树上喷 10% 氯氰菊酯乳油 1500 倍液，或 2.5% 溴氰菊酯乳油 2000 ~ 3000 倍液。

2. **黄刺蛾幼虫**　表现为咬食叶片，严重时可吃光全部叶片。

防治方法：在修剪清园之时，集中消灭越冬茧；可用 5% 高效氯氰菊酯 1500 倍液、生物农药苏云金杆菌制剂（每克菌粉含 100 亿孢子），或用 Bt 乳剂 500 ~ 600 倍液等喷杀幼虫。

【采收加工】

一、采收

一般于栽培第 2 年的 9 ~ 10 月间，果实呈枣红色、完全成熟时采收，打落即可。

二、产地加工

果实采收以后，应及时除去果肉，破碎枣核，分离枣壳，取酸枣仁晒干即得，防止暴晒。

【贮藏】

置干燥处储存，防蛀。

【药材形态】

本品呈扁圆形或扁椭圆形，长 5 ~ 9cm，宽 5 ~ 7mm，厚约 3mm，表面紫红色或紫褐色，平滑有光泽。有的有裂纹，有的两面均呈圆隆状突起。有的一面较平坦，中间有 1 条隆起的纵线纹，另一面稍突起。药材一端凹陷，可见线性种脐，另一端有细小突起的合点。种皮较脆，胚乳白色，子叶 2，浅黄色，富油性。气微，味淡。

【成分含量】

本品按干燥品计算，含酸枣仁皂苷 A（$C_{58}H_{94}O_{26}$）不得少于 0.030%，含斯皮诺素（$C_{28}H_{32}O_{15}$）不得少于 0.080%。

【等级规格】

一等：干货。呈扁圆形或扁椭圆形，饱满。表面深红色或紫褐色，有光泽。断面内仁浅黄色，有油性。味甘淡。核壳不超过 2%。碎仁不超过 5%。无黑仁、杂质、虫蛀、霉变。

二等：干货。呈扁圆形或扁椭圆形，较瘪瘦。表面深红色或棕黄色。断面内仁浅黄色，有油性。味甘淡。核壳不超过 5%。碎仁不超过 10%。无杂质、虫蛀、霉变。

未成熟的酸枣果和核不收。

【传统炮制】

炒酸枣：取净酸枣仁，照清炒法炒至鼓起，色微变深。用时捣碎。

酸枣仁：除去残留核壳。用时捣碎。

桃 仁

【药用来源】

为蔷薇科植物桃 *Prunus persica*（L.）Batsch 或山桃 *P. davidiana*（Carr.）Franch. 的干燥成熟种子。

【识别要点】

落叶小乔木，高 3～8m。叶互生，先端渐尖，基部阔楔形，边缘有锯齿。花单生，先叶开放；萼片 5，外面被毛；花瓣 5，淡红色，稀白色；雄蕊多数，短于花瓣；心皮 1，稀 2，有毛。核果肉质，多汁，心状卵形至椭圆形，1 侧有纵沟，表面具短柔毛；果核坚硬，木质，扁卵圆形，顶端渐尖，表面具不规则的深槽及窝孔。种子 1 粒。花期 4 月，果期 5～9 月。

【适宜生境】

适合生长在海拔 800～1200m 的山坡、山谷沟底、荒野树林或灌木丛中，喜温，但在半阴处也能生长，耐寒，耐旱。对土壤要求不严，贫瘠地、荒山均可种植，但最适宜肥沃高燥的沙质壤土。

【栽种技术】

一、生长习性

幼树生长快，早丰产，耐修剪，但寿命短，栽种时要密植。一般桃树栽植后第 3 年结果，第 5 年丰产。

二、繁育方法

一般于 11 月下旬，选干燥处，挖 0.7m 深、0.6m 宽的沙藏沟，沟的长度视种子多少而定。先在底部铺 10cm 厚的湿沙，上面放混沙种子 10～15cm，然后铺上湿沙 10cm，再放上混沙种子 10～15cm，再盖上湿沙 10cm，上面盖上土，使种子处于冻层之下，温度以 0～7℃为宜。当种子较少时，也可将湿沙放入地窖内沙藏，需要 100～110 天，3 月初将沙藏种子放在温度为 20～25℃的地方，保持湿度以催芽，待种子露白时即可播种。

三、栽种方法

1. 选地　桃树适宜在土层深厚、疏松、排水透气性能好、富含有机质的土壤中种植，所以选择在平地、山区栽种，要求排水良好、地下水位低、光照充足。切忌连作，不能选择重茬地。

2. 土地整理　育苗地应清除杂草，深翻土地，整平耙细，施足基肥，四周开好排水沟。定植地开挖定植沟（穴），定植沟沿行向开挖，宽 80cm、深 80cm，定植穴长 100cm、宽 90cm、深 80cm。桃树定植的行向以南北向为好，这样受日光时间长，树与树之间遮光最少。挖定植沟（穴）时应把表土与心土分开堆放。然后施厩肥、人畜粪肥等基肥，一般每穴至少要施 50kg 以上。

3. 繁殖　移栽定植要选优质苗，要求根系发达，地上部粗壮，苗高 40cm 以上，芽眼饱满，接口愈合良好，无病虫害。栽时使其根系舒展，和四周的树对齐，用堆在旁边混合好的肥土栽树，边堆土边稍稍提起树苗，使根际的土结实，栽完一行后把剩余的心土打碎填到畦面上，使畦面略显脊形，然后浇透水。由于定植后土质较疏松，浇水后苗会下沉，可以将苗及时向上提起，以保证接口在地面 5cm 以上。苗栽后到次年春天应及时检查成活率，发现死亡及时补栽，以保证园内苗情整齐不缺株。

四、田间管理

1. 深耕改土　此为目前采用最多、最容易的办法。秋季采果后全园深耕 50cm 左右，并结合施基肥，以改良表土以下土层的土壤结构，增加孔隙度，增强透气保水能力，有利于微生物活动，促进土壤的有机质化，进而起到扩大根系吸收面积、增强根系吸收能力的作用。采果后立即深翻，然后种上植株矮小、吸肥水弱的作物（如豌豆等）；或深翻时施绿肥，对改良土壤结构、全面提高土壤养分、提高有机质含量有明显作用。

2. 施肥 秋季落叶后，结合深耕施足人畜粪肥、饼肥等有机肥。分别在萌芽期、开花前后、果实膨大期追肥。萌芽至开花前以氮为主，如尿素；开花期前后氮、磷、钾肥结合使用，如三元复合肥；果实膨大期以磷、钾肥为主，如磷酸二氢钾；叶面追肥的浓度应在 0.3% ~ 0.5% 的范围内。

3. 水分管理 桃树耐旱，生长期间一般很少灌溉，但遇到特殊干旱年份必须及时灌水，以避免枝叶出现萎蔫现象。新梢速长时期、幼果期及果实膨大期需大量水分，春、夏、秋季干旱时要及时灌水。此外，桃树怕涝，雨季要做好排水工作。

4. 整形修剪

（1）幼龄树（1 ~ 4 年）的整形：修剪幼龄树主要目的是整形、培养骨架、扩大树冠、培养结果枝组，使其早日开花结果。主枝选好后选侧枝，在侧枝上培养结果枝组（主枝上可以培养小型的、临时的结果枝组），其他枝轻剪长放，通过夏季修剪使其早日成花；充分利用二次枝扩大树冠，充实内膛，多培养临时或小型的结果枝组，以获早期高产；对已成花的长结果枝轻度短截留芽 10 ~ 12 个，但对主侧枝、延长枝应根据树形需要和生长势情况适当短截，剪去 1/3 ~ 1/2；作为大型枝组培养的骨干枝，应采取先短截后长放的办法进行培养。

幼龄树生长势强，生长量大。修剪时首先要认清是骨干枝（包括主、侧枝及大枝组）。这些枝是树体的基本骨架，既要保持一定的生长势，又要防止过旺生长，同时还要平衡各骨干枝之间的生长强度，以便树冠均衡扩大、健康生长。对骨干枝以外的枝，一部分作辅养枝，另一部分作临时的结果枝，并注意控制，疏除少数过旺的枝。

（2）成龄树（5 ~ 15 年）的整形：修剪调整生长与结果的关系，注意骨干枝、结果枝组的回缩更新，避免结果部位过快外移，从而尽可能延长盛果期持续的时间。进入盛果期的桃树，树势逐步缓和下来，树体结构已基本形成，并定形。枝条开张，生长与结果的矛盾激化，内膛及下部的枯枝变多，结果部位逐渐外移，骨干枝从属关系明确，各种枝组配套齐备，及时回缩更新主枝、侧枝以及结果枝组，以及膛枝长放与短截结合，防止内膛空虚、结果部位外移。到盛果末期要注意视高枝条角度，复壮树势。

【病虫防治】

一、病害

1. **桃缩叶病** 主要危害叶片，病情严重时也会危害新梢和幼果。4～5 月是病害盛发期，当气温达到 21℃时，病害即停止发展。病菌在芽鳞或树皮上越冬，早春展叶后侵入叶片，感病叶片肥厚，叶面凹凸不平，叶缘反卷，呈畸形，叶片红褐色。

防治方法：清除病源。发芽前喷波美 5 度石硫合剂，早春花瓣刚露红时喷波美 3 度石硫合剂或 1：1：100 波尔多液。发病初期及时摘除病虫，集中烧掉。

2. **褐腐病** 主要危害桃树的花、叶、枝和果实，其中果实受害最重。果实从幼果期到成熟期均可被感染。果实受害后，先出现褐色小斑，逐渐扩大，使果实变褐色软腐状，表面有灰褐色丝绒状颗粒，呈同心圆状逐渐向外扩展，最后果实腐烂后脱落；也可因水分蒸发过快而干缩成僵果，久悬于枝上不落。

防治方法：彻底清除越冬病源，进行深翻，降低病源基数；春季萌芽前喷 5 度石硫合剂，落花几天后喷 75% 代森锌可湿性粉剂 500 倍液或 70% 甲基托布津 800～1000 倍液，每隔 15 天喷 1 次。

3. **桃炭疽病** 主要危害果实，也可危害叶片和新梢。阴湿多雨时发病较多，5 月为发病盛期。幼果被感染后变成僵桃。果实膨大后从水渍状病斑扩大成圆形、红褐色凹陷病斑。

防治方法：清除越冬病源。早春喷波美 4～5 度石硫合剂和托布津、多菌灵等；发芽后喷 65% 代森锌 50 倍液。

4. **桃流胶病** 主要危害枝干，6～8 月为发病盛期。病菌于春季侵入，染病的枝干部分分泌出透明的树胶，继而转化为茶褐色胶块，导致树势衰弱，甚至死亡。

防治方法：加强桃园管理，增强树势，忌连作。冬春季树干涂白，预防冻害和日灼伤；防治树干病虫害，预防病虫伤，及早防治桃树上的害虫如介壳虫、蚜虫、天牛等；刮除胶状体，用石硫剂渣或凡士林加少量多菌灵，调匀后涂上作为保护剂；4 月下旬至 6 月下旬喷 50% 多菌灵 800 倍液。

5. **桃腐烂病** 主要危害主干和主枝，使树皮腐烂，导致枝干枯死。病菌在树干病部越冬。初期病部稍凹陷，出现少量流胶，继而流胶增多，胶点下病皮组织腐烂，病斑湿润，呈黄褐色，有酒精味。后期病部干缩凹陷，密生黑色小粒点。当病斑环绕树干 1 周时，树很快死亡。

防治方法：加强肥水管理，增强树势。萌芽前喷 5 度石硫合剂加 0.3% 五氯酚钠，生长期用 50 倍的 50% 甲基托布津粉剂喷树干。

二、虫害

1. **桃蛀螟** 主要危害果实。在南方桃区危害十分严重，一般每年发生 4 代左右，成虫于 5 月下旬盛发，产卵于果实表面（果实洞部、两果相靠处、果叶接触处较多），经 1 周左右孵化。幼虫钻入果肉，导致果实脱落。幼虫经 2～3 周后老熟，后移至树皮裂缝中化蛹。

防治方法：清除越冬寄主，减少越冬虫源。定果后及时套袋；加强虫卵检查，产卵盛期喷施 5% 高效氯氰菊酯 2000 倍液。

2. **蚜虫** 蚜虫分为粉蚜和桃蚜。粉蚜为害时叶背面满布白粉；桃蚜为害时叶片向背面反卷。蚜虫对桃树危害很大，它从嫩叶出现就开始为害，严重时全树叶皱曲，新梢生长缓慢，对坐果及树体的正常生长都有显著的破坏作用。5 月上旬虫口数最高，当气温上升到 35℃以上时，虫口明显减少。

防治方法：剪除被害严重的枝梢。在花落、叶片卷曲以前喷施 10% 吡虫啉可湿性粉剂 2000～3000 倍液。

3. **红景天牛** 主要危害主干。

防治方法：6～7 月捕捉成虫，把虫道口找出来，挖尽四周的枯皮和虫粪，然后用棉花球浸 50% 辛硫磷乳油原液塞入虫道，再用湿土封闭虫道口，毒杀进入木质部的幼虫。

4. **刺蛾** 分为褐刺蛾、青刺蛾和扁刺蛾 3 种，主要危害叶片，危害严重时可把全树叶片吃光，第 1 代幼虫 6 月上旬至 7 月中旬发生并危害叶片，大约相隔 1 个月左右，第 2 代幼虫再次发生危害。

防治方法：冬季结合修剪、耕翻和涂白，清除附在树干上的茧，捡掉土里挖出的茧；在幼虫盛发期可喷 50% 辛硫磷乳油 1000 ~ 1500 倍液，或 5% 高效氯氰菊酯 1500 倍液。

【采收加工】

一、采收

一般待果实完全成熟后采收。

二、产地加工

采收后应及时除去果肉，取出果核，人工或用机械破碎，取出种仁，晒干即得。注意：破碎果核后应将散碎的桃仁挑出，否则影响品质。

【贮藏】

置干燥处储存，防蛀。

【药材形态】

本品呈扁长卵形，长 1.2 ~ 1.8cm，宽 0.8 ~ 1.2cm，厚 0.2 ~ 0.4cm。表面黄棕色至红棕色，密布颗粒状突起。一端尖，中部膨大；另一端钝圆稍偏斜，边缘较薄。尖端有短线形种脐，圆端有颜色略深不甚明显的合点，自合点处散出多数纵向维管束。种皮薄，子叶 2，类白色，富油性，气微。味微苦。

【成分含量】

本品按干燥品计算，含苦杏仁苷（$C_{20}H_{27}NO_{11}$）不得少于 2.0%。

【等级规格】

家桃仁：统货：干货。符合桃仁性状，核壳不超过 3%，破碎仁不超过 10%。无杂质、虫蛀、霉变。

山桃仁：统货：干货。符合山桃仁性状，核壳不超过3%，破碎仁不超过10%。无杂质、虫蛀、霉变。

【传统炮制】

桃仁：除去杂质。用时捣碎。

炒桃仁：取桃仁，照清炒法炒至黄色。用时捣碎。

五味子

【药用来源】

为木兰科植物五味子 *Schisandra chinensis*（Turcz.）Baill. 的干燥成熟果实。习称“北五味子”。

【识别要点】

为落叶木质藤本，长可达 8m，老枝褐色。单叶互生，叶卵形、宽倒卵形至宽椭圆形，边缘疏生腺状细齿，上面光滑，无毛。花单性，雌雄异株；单生或簇生于叶腋；花被片 6～9，乳白色或粉红色；雄花具 5 雄蕊，花丝合生成短柱；雌花心皮 17～40，花后花托逐渐伸长，结果时呈长穗状。浆果球形，肉质，熟时红色。花期 5～7 月，果期 6～9 月。

【适宜生境】

五味子分布于辽宁的本溪、恒仁、海城、凤城、宽甸、抚顺，吉林的桦甸、蛟河、敦化、按图，黑龙江的七台河、五常、尚志，山西的忻州、晋城、榆次，内蒙古的牙克石，河北的围场、平泉、宽城、隆化等地，其中以东北大、小兴安岭和长白山地区最为适宜。

【栽种技术】

一、生长习性

五味子喜欢低温、湿润的环境，种子的胚具有后熟性，种皮坚硬，光滑有油层，不易透水，需要进行低温沙藏处理。但种子空瘪率很高，因此发芽率较低。

二、繁育方法

野生五味子除了种子繁殖外，主要靠地下横走茎繁殖。生产上多采用种子进行繁殖，亦可用压条、扦插繁殖和根茎繁殖，但生根困难，成活率低。

1. **种子繁殖** 五味子的种子最好在 8 ~ 9 月收获期间进行穗选，选留颗粒大、均匀一致的果穗作种用，单独晒干保管，放通风干燥处贮藏。种子处理分为室外处理和室内处理两种。

（1）室外处理：秋季将作种用的果实，用清水浸泡至果肉胀起时搓去果肉，同时可将浮在水面的瘪粒除去，把搓去果肉的种子用清水浸泡 5 ~ 7 天，使种子充分吸水，每 2 天换 1 次水，浸泡后，捞出种子晾干，并与多于种子 2 ~ 3 倍的湿沙混匀，放入已准备好的 0.5m 深的坑中，坑的大小根据种子的数量而定，上面盖 12 ~ 15cm 的细沙，再盖上柴草或草帘子，进行低温处理，翌年 4 ~ 5 月便能裂口播种。处理场地要选择地势高、干燥的地点，以免水浸烂种。

（2）室内处理：2 ~ 3 月，将湿沙低温处理的种子移入室内，装入木箱中进行沙藏处理，温度要求为 5 ~ 15℃，当春季种子裂口即可播种。

2. **扦插繁殖** 于早春萌动前，剪取坚实健壮的枝条，截成 12 ~ 15cm 的长段，截口要平，下端用 100ppm 萘乙酸处理 30 分钟，稍晾干，斜插于苗床，行距 12cm，株距 6cm，斜插入的深度为插条的 2/3，床面盖蓝色塑料薄膜，经常浇水；也可在温室用电热控温苗床扦插，床面盖蓝色塑料薄膜和花帘，调温、遮光，要求温度为 20 ~ 25℃，湿度为 90%，遮蔽度为 60% ~ 70%。枝条生根率在 40% ~ 85%，于第 2 年春季定植。

3. **根茎繁殖** 于早春萌动前，刨出母株周围的横走根茎，栽成 6 ~ 10cm 的小段，每段上要有 1 ~ 2 个芽，按 12 ~ 15cm 的行距、10 ~ 12cm 的株距栽于苗床上，翌春萌动前定植于大田。

三、栽种方法

1. 选地与土地整理 桃仁适宜在疏松肥沃的壤土或腐殖质土壤中种植，选择潮湿的环境栽种，如有灌溉条件的林下，河谷、溪流两岸15° 左右山坡处，要求荫蔽度50%～60%，透风透光。每亩施2000～3000kg基肥，深翻20～25cm，整平耙细，育苗地做宽1.2m、高15cm、长10～20cm的高畦。移植地穴栽。

2. 播种 生产上主要以种子繁殖为主，要求做好育苗。

（1）播种的时间和方法：一般在5月上旬至6月中旬进行种子播种，方式为条播或撒播。条播行距10cm，覆土1～3cm，每平方米用30g种子；也可于8月上旬至9月上旬播种当年鲜籽，即选择当年成熟度一致、粒大而饱满的果粒，搓去果肉，用清水漂洗一下，晾干即可播种。

（2）苗期管理：播后搭建高为1～1.5m的棚架，上面用草帘或苇帘等遮阴。土壤干旱时浇水，保证土壤湿度在30%～40%。待小苗长出2～3片真叶时可逐渐撤掉遮阴帘，并且要经常除草松土，保持畦面无杂草，翌年春季或秋季可移栽定植。

一般于4月下旬或5月上旬移栽，也可在秋季叶发黄时移栽。按行株距120cm×50cm进行穴栽，为使行株距均匀可拉绳固定。在穴的位置上做一标志。然后挖成深30～35cm、直径30cm的穴，每穴栽一株，栽时要使根系舒展，防止窝根与倒根，覆土至原根系入土稍高一点的深度即可。栽后踏实，灌足水，待水渗完后用土封穴。15天后进行查苗，未成活者补苗。秋栽后，在第2年春返青时进行查苗补苗。

四、田间管理

1. 松土除草 移栽后应经常松土除草，否则杂草易与五味子争夺养分，同时可进行培土，并做好树盘，便于灌水。

2. 灌水 五味子喜欢湿润的气候，要经常灌水，尤其是开花结果前更要保证水分的供给，越冬前灌1次水有利于越冬。但雨季注意及时排除积水。

3. 施肥 五味子喜肥，孕蕾开花结果期除了供给足够水分外，还需要大量肥料，一般一年追 2 次，第 1 次是展叶前，第 2 次则在开花前。每株追肥腐熟农家肥 6～10kg，距离根部 35～50cm，周围开环状沟，深为 15～20cm，勿伤根，施后覆土；第 2 次追肥，适当增加磷钾肥，促使果成熟。

4. **搭架** 移植后第 2 年应搭架，可选用木杆或水泥柱，1.5～2m 立一根。用 8 号铁线在立柱上部拉一横线，每一主蔓处斜立一直径为 1.5～2cm、高为 2.5～3m 的竹竿，用绑绳固定在横线上。然后按右旋引蔓上架，开始可用绳绑，之后可自然缠绕上架。

5. **剪枝** 主要分为 3 种：春剪、夏剪和剪基。

（1）春剪：一般在枝条萌发前进行，剪掉过密果枝和枯枝以保证枝条疏密。

（2）夏剪：6 月中旬至 7 月中旬进行，剪掉茎生枝、膛枝、重叠枝、病虫细软枝等，同时也应疏剪过密的新生枝。

（3）剪基：落叶后进行剪基生枝 3 次，但要注意留 2～3 个营养枝作主枝并引蔓，同时在基部做好树盘，便于灌水。

【病虫防治】

一、病害

1. **根腐病** 病害来源于真菌中的一种半知菌，每年 7～8 月发病，开始时叶片慢慢萎蔫，根部与地面交接处逐渐变黑、腐烂，根皮脱落，几天后整株死亡。

防治方法：选择排水良好的土壤种植；雨季及时排除田间积水；发病期浇灌 50% 的多菌灵 600～1000 倍液于根际。

2. **叶枯病** 从叶尖或边缘开始发病，最终会导致果穗脱落。

防治方法：加强田间管理，注意通风透光，保持土壤疏松、无杂草；发病初期用 1∶1∶100 倍波尔多液喷雾，7 天喷 1 次，连续数次。

二、虫害

卷叶虫 主要以幼虫为害，造成卷叶，影响果实生长甚至脱落。

防治方法：喷洒50%辛硫磷1500倍液，或20%氯虫苯甲酰胺3000倍液。

【采收加工】

一、采收

五味子一般在栽种5年后结果。无性繁殖的3年挂果，一般在4～5年间大量结果。应在果实呈紫红色、完全成熟时采摘。

二、产地加工

采摘后应及时晒干、阴干或低温烘干。晒干时应及时上下翻动直至全部干燥。烘干时应注意温度控制，开始烘干时应在60℃左右，半干后应控制在40～50℃，近干时在室外晾晒至全干。

【贮藏】

置干燥处储存，防止发霉。

【药材形态】

本品呈不规则的球形或扁圆形，直径5～8mm。表面红色，紫红色或暗红色，皱缩，显油润；有的表面呈黑红色或出现“白霜”。果肉柔软，种子1～2，肾形，表面棕黄色，有光泽，种皮薄而脆。果肉气微，味酸。种子破碎后，有香气，味辛，微苦。

【成分含量】

本品含五味子醇甲（$C_{24}H_{32}O_7$）不得少于0.40%。

【等级规格】

一等：干货。呈不规则球形或椭圆形。表面紫红色或红褐色，皱缩，肉厚，质柔润。内有肾形种子1～2粒。果肉味酸。种子有香气，味辛、微苦。干瘪不超过2%，无枝梗、杂质、虫蛀、霉变。

二等：干货。呈不规则球形或椭圆形。表面黑红色、暗红色或淡红色，皱缩，肉较薄，质柔润。内有肾形种子 1 ~ 2 粒。果肉味酸。种子有香气，味辛、微苦。干瘪不超过 20%，无枝梗、杂质、虫蛀、霉变。

【传统炮制】

五味子：除去杂质。用时捣碎。

醋五味子：取净五味子，照醋蒸法蒸至黑色，用时捣碎。

知 母

【药用来源】

为百合科植物知母 *Anemarrhena asphodeloides* Bge. 的干燥根茎。

【识别要点】

多年生草本。根茎横走，其上残留许多黄褐色纤维状的叶基，下部生有多数肉质须根。叶基生，线形，基部扩大成鞘状，具多条平行脉，没有明显的中脉。花葶直立，不分枝，其上生有尖尾状的苞片，花 2～3 朵成一簇，生在顶部集成穗状；花被 6 片，2 轮，花粉红色、淡紫色至白色；雄蕊 3 枚；子房上位，3 室，蒴果长圆形，具 6 条纵棱。花果期 5～9 月。

【适宜生境】

知母喜欢温暖、向阳的气候，但也耐寒、耐旱，可在北方的田间越冬。对土壤要求不严，最好生长在山坡黄沙土和腐殖质壤土及排水良好的地方，不能在阴湿地、黏土及低洼地生长，会导致根茎腐烂。

【栽种技术】

一、生长习性

知母为宿根植物，每年春季日均温度高于 10℃便可出土，4～6 月地上和地下的部分根系生长最旺盛，8～10 月地下根茎增粗充实，11 月植株枯死，生育期 230 天左右。知母种子在平均气温＜ 13℃时需要 1 个月才能全部发芽，而到 18～20℃时则需 2 周，在恒温箱（20℃）里仅需 6 日即可。播种最佳气温为平均 15℃以上。

二、繁育方法

知母的繁殖方法有两种：种子繁殖和分根繁殖。

1. 种子繁殖

（1）种子采集：采种母株宜选 3 年以上植株，三年生植株的花薹数为 5～6 支，每穗花数 150～180 朵，8 月上旬采集成熟种子。知母结果不整齐，果实成熟极易脱落，易开裂，造成种子散落，故当蒴果黄绿色、成熟前（8 月中旬至 9 月中旬）顺次采下、晾干、脱粒、去除杂质，置干燥处贮藏备用。按重量计，果实中种子占 45% 左右，每株可得 5～7g 种子，种子发芽率为 85%～90%，隔年种子的发芽率降到 40%～50%，故用上年新采收的种子为佳。

（2）种子处理：播种前将种子放在 30～40℃的温水中浸泡 24 小时，捞出稍晾干即可。

2. 分根繁殖 在秋季植株枯萎时或次年春天解冻后返青前，刨出根状茎，选健壮粗长、分枝少者，在离芽头 3cm 处剪下（带芽头）或将根茎切成 3～5cm 长小段（茎节），尽量不要损伤须根，用作种栽，宜随挖随栽。

三、栽种方法

1. 土地整理 选腐殖质壤土和沙质壤土种植，要求向阳、疏松、排水良好，秋季深翻，每亩施 3500～4000kg 土杂肥、10kg 氮磷钾复合肥，深翻入土，整平耙细后做宽 1.2cm 的高畦，北方可做平畦。

2. 播种 种子繁殖是大量繁殖的有效方法。春播 4 月 20 日开始，播种前将种子浸泡在 35～40℃温水中 24 小时，捞出稍晾干即可。在整好的地中按 12～25cm 的行距开出深 1.5cm 左右的沟，将种子均匀撒入沟内，覆土 1.5cm 左右盖平，以不见种子为度，稍加镇压后洒水，出苗前畦内保持湿润，20 天左右出苗。每亩播种量为 0.7～1.0kg。苗出齐后间苗，按株距 8～10cm 定苗。

四、田间管理

1. 施肥 知母对肥料的吸收能力很强，合理施肥对知母增产具有重要的意义。基肥以氮磷钾复合肥为最佳，多配合农家肥。苗期追肥以尿素等氮肥为主，再恰当使用适量磷肥，中后期以追施草木灰、硝酸钾等氮钾复合肥为好。迟效肥可选适量饼肥。

2. 间苗定苗 春季萌芽后，当苗高 3cm 左右时，结合松土除草，进行间苗。苗高 6～10cm 时，按株距 7～10cm 定苗。

3. 除草培土 当苗高 3cm 时开始松土除草，每年需要 2～3 次除草和松土，生长期要保持地面无杂草，由于根茎多生长在表土层，因此雨季过后和秋末要进行有效培土。

4. 浇水 越冬前要适时浇好越冬水，以防止冬季干旱。翌春发芽后，若土壤干旱也应适量浇水，以促进根和地上部分生长。

5. 除去花薹 知母抽薹开花后，叶片和地下茎生长趋势变缓，腋芽生长受到抑制，不能形成新的茎头，影响产量。除留种外应及时剪除花薹，促使地下茎增粗充实，提高产量。

【病虫防治】

一、病害

1. 立枯病 在出苗展叶期发病最频繁。受害苗在地表下干湿土交界处的茎部呈现褐色环状缢缩，导致幼苗折断死亡。

防治方法：出苗前喷 1∶1∶200 波尔多液 1 次，出苗后喷 50% 多菌灵 1000 倍液 2～3 次；保护幼苗，发病后及时拔除病株，病区用 50% 石灰乳消毒处理。

2. 软腐病 主要危害根茎，被害根茎初呈褐色水渍状斑块，其后变黑，病部逐渐软化而腐烂，患处有灰色脓状黏液产生，有一种特殊臭味，高温高湿和通气不良时易发病。

防治方法：选择健壮无病的种球繁殖；雨季注意清沟排渍，降低水位；播前用 50% 多菌灵 500～600 倍液浸种 20～30 分钟，晾干后下种；采收和装运时，尽可能不要碰伤根状茎；种用根状茎贮藏期间，注意通风和降温。

二、虫害

最为常见的是蛴螬（白地蚕），但也有蝼蛄。幼虫咬断苗或咀食根茎，造成断苗或根部空洞。

防治方法：可用 50% 辛硫磷乳油 1000 倍液灌根；灯光诱杀。

【采收加工】

一、采收

一般在栽种 2～3 年采收为宜，初秋二季采收。知母采收还应根据各地季节气候情况的不同而异。东北、内蒙古在 4 月上旬或 9 月下旬采挖，山西应在 5 月中下旬采挖，河北多在 9～10 月采挖。

二、产地加工

知母通常加工成知母肉和毛知母。知母肉宜在 4 月下旬抽薹前采挖，趁鲜剥掉外皮，不宜沾水，切片干燥即得。毛知母应在 10 月下旬刨出根茎，除掉泥土，晒干或烘干，放入有筛过细沙的锅内，文火炒热，不断翻动，炒至用物能擦去毛须为度，在捞出后置竹匾内，趁热搓去外皮至无毛为止，注意保留黄绒毛，再洗净、闷润，切片即得毛知母。

【贮藏】

置于通风干燥处储存，防潮。

【药材形态】

本品呈长条状、微弯曲、略扁，偶有分枝，长 3～15cm，直径 0.8～1.5cm。一端有浅黄色的茎叶残痕。表面黄棕色至棕色，上面有 1 凹沟，具紧密排列的环状节，节上密生黄棕色的残存叶基，由两侧向根茎上方生长；下面隆起而略皱缩，并有凹陷或突起的点状根痕。质硬，易折断。断面黄白色。气微，味微甜、略苦，嚼之带黏性。

【成分含量】

本品按干燥品计算，含芒果苷（$C_{19}H_{18}O_{11}$）不得少于 0.70%，含知母皂苷 BⅡ（$C_{45}H_{76}O_{19}$）不得少于 3.0%。

【等级规格】

1. 知母肉

统货：干货。呈扁圆条形，去净外皮。表面黄白色或棕黄色。质坚。断面淡黄色，颗粒状。气特异，味微甘略苦。长短不分，扁宽 0.5cm 以上。无烂头、杂质、虫蛀、霉变。

2. 毛知母

统货：干货。呈扁圆形，略弯曲，偶有分枝。体表上面有一凹沟具环状节。节上密生黄棕色或棕色毛，下面有须根痕；一端有浅黄色叶痕（俗称金包头）。质坚实而柔润。断面黄白色，略显颗粒状。气特异，味微甘略苦。长 6cm 以上。无杂质、虫蛀、霉变。

【传统炮制】

知母：除去杂质，洗净，润透，切厚片，干燥，去毛屑。

盐知母：取知母片，照盐水炙法炒干。

白芍植株

白芍饮片

白头翁植株

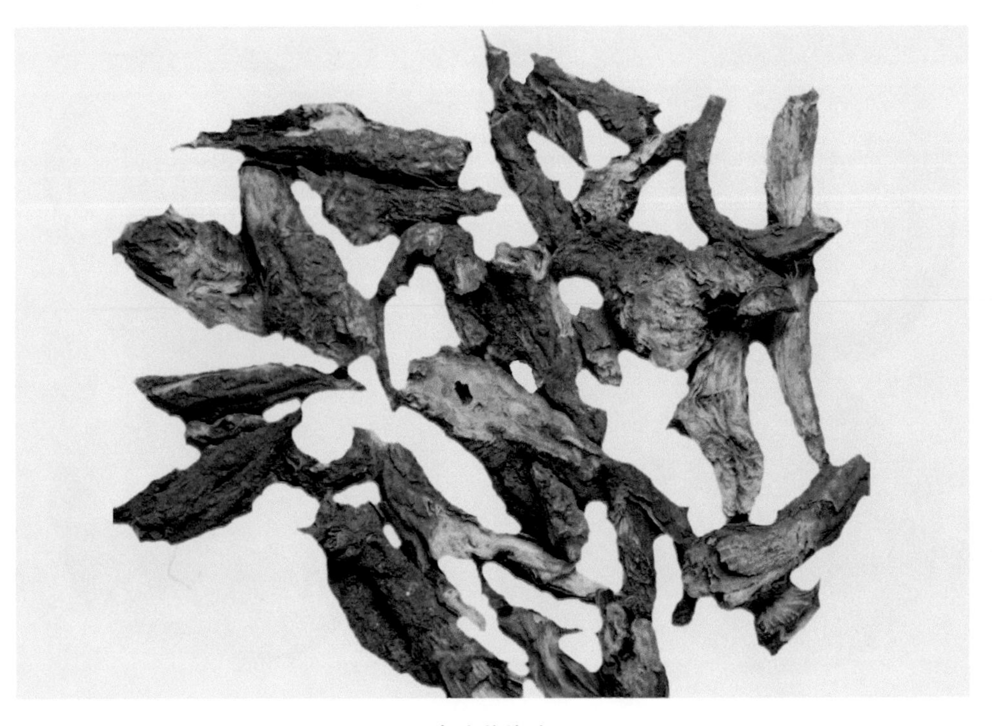
白头翁饮片

白鲜花冠

白鲜皮饮片

白芷植株

白芷饮片

白术植株

白术药材

山丹植株

百合饮片

菘蓝植株

板蓝根药材

北苍术植株

苍术饮片

柴胡植株

柴胡药材

北沙参植株

薄荷植株

薄荷饮片

赤芍植株

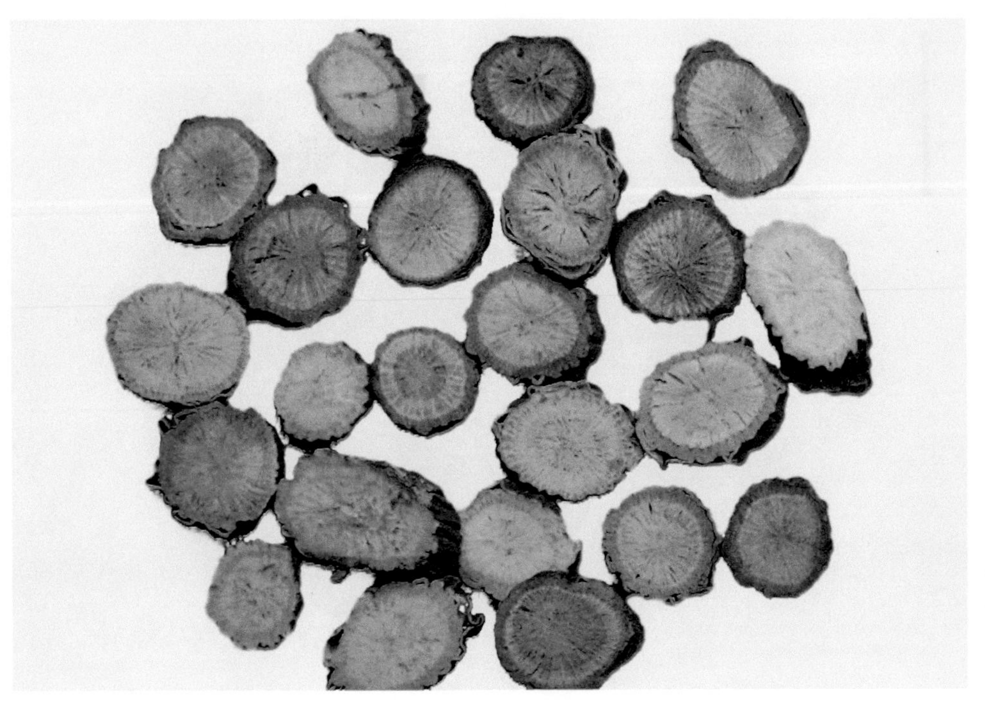

赤芍饮片

当归植株

当归药材

党参花冠

党参叶片及叶序

地黄植株

熟地黄饮片

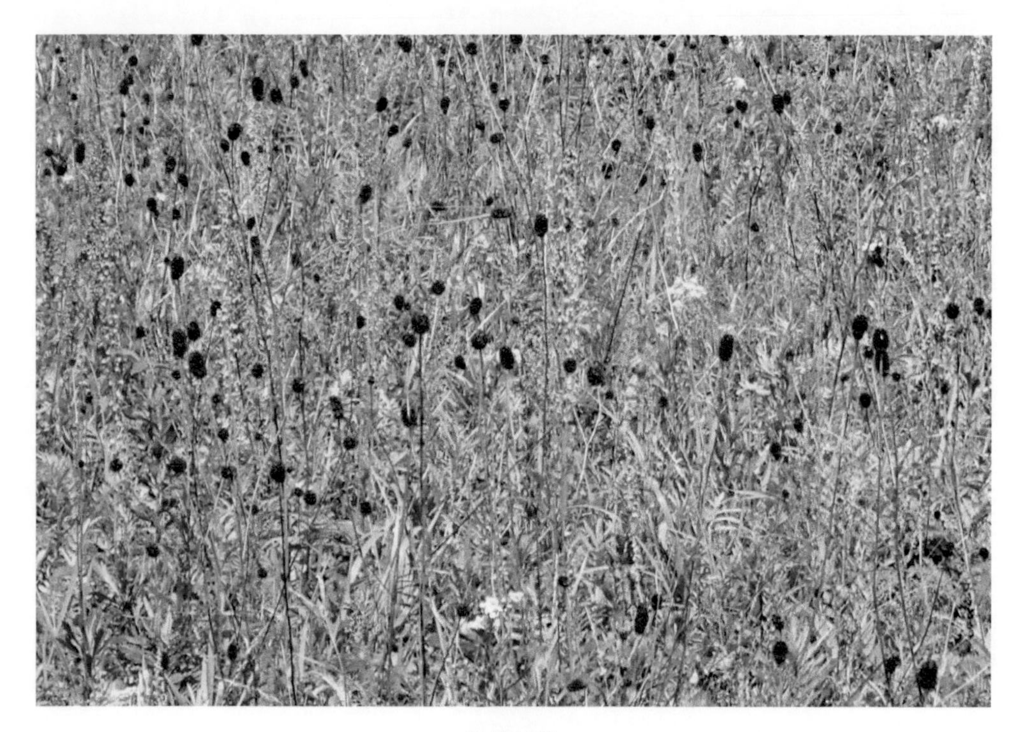

地榆植株

地榆饮片

防风植株

防风饮片

甘草植株

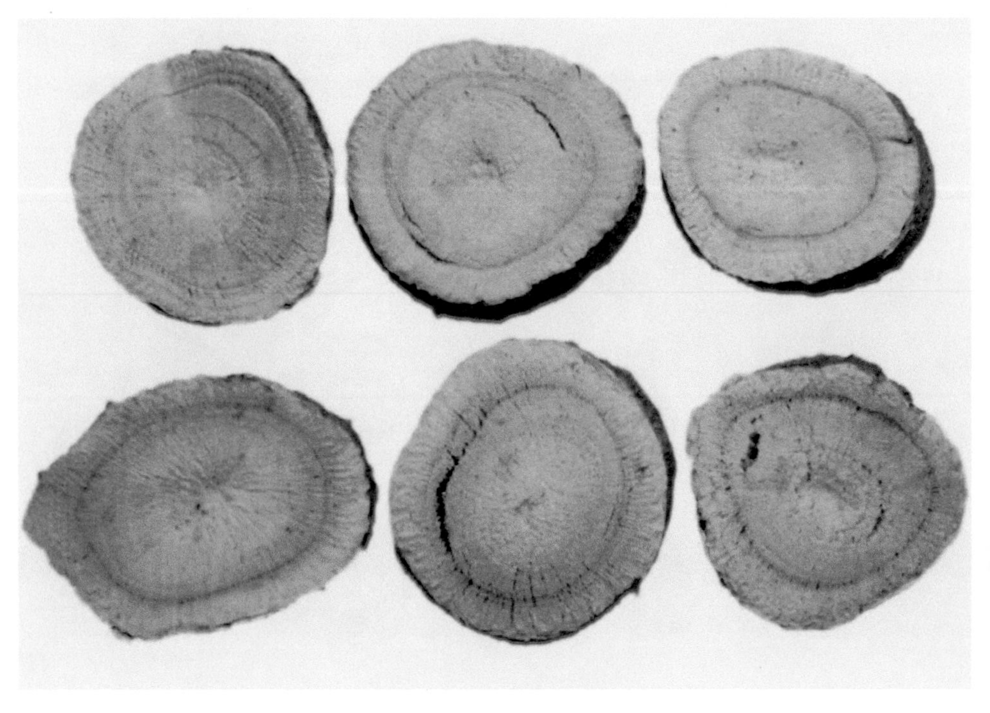

甘草饮片

枸杞植株

关黄柏植株

关黄柏饮片

红花植株（幼苗）

红花药材

黄精花序

黄精药材

蒙古黄芪植株

蒙古黄芪药材

黄芩植株

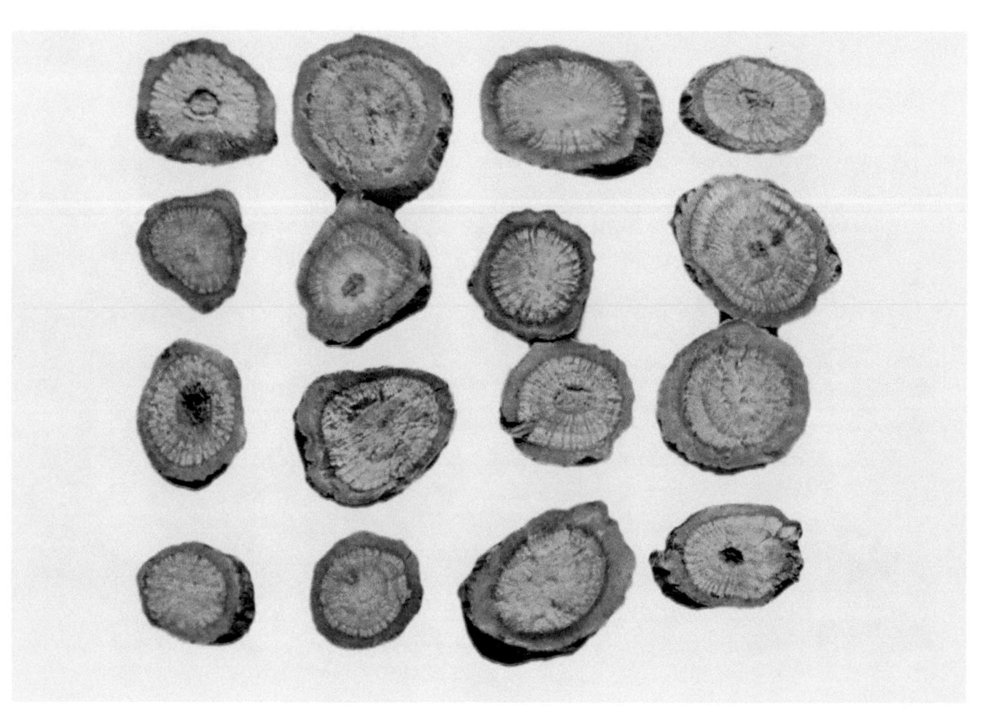

黄芩饮片

桔梗植株

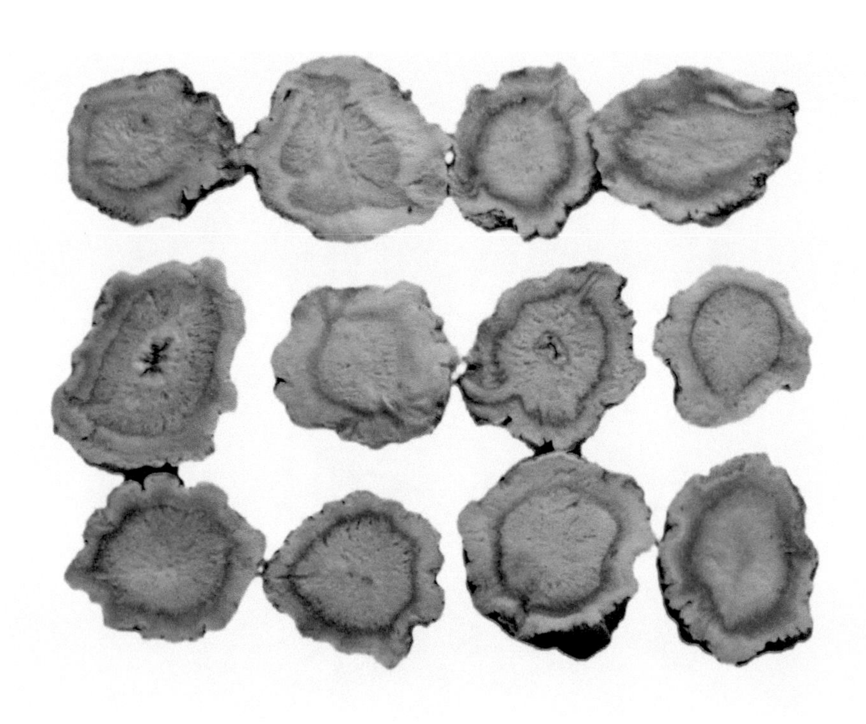

桔梗饮片

忍冬植株

金银花药材

苦参植株

苦参饮片

山杏植株

苦杏仁饮片

连翘植株

连翘药材（饮片）

牛膝植株

牛膝饮片

扁茎黄芪植株

沙苑子饮片

山里红植株

山里红叶片

射干植株

射干饮片

大三叶升麻植株

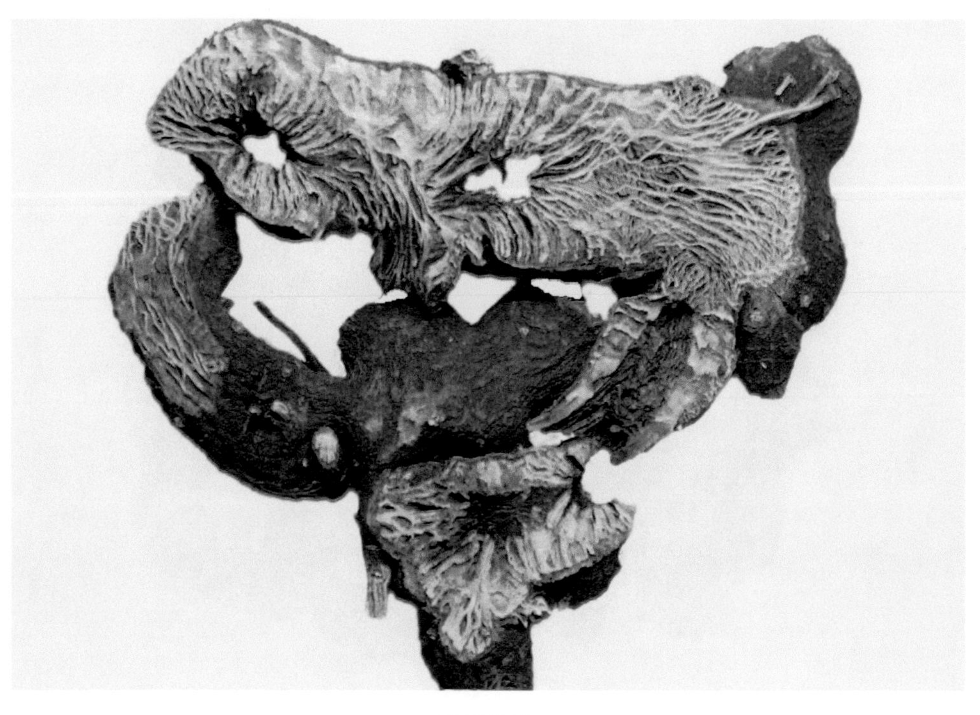

升麻饮片

酸枣植株

酸枣仁饮片

山桃植株

桃仁饮片

五味子植株

五味子饮片

知母植株

知母药材